走进大自然丛书

ZOUJIN DAZIRAN

CONGSHU

Daziran

de bianqian

（最新版）

大自然的变迁

本书编写组◎编

世界图书出版公司

广州·北京·上海·西安

图书在版编目（CIP）数据

大自然的变迁／《大自然的变迁》编写组编．—广州：广东世界图书出版公司，2010.6 （2024.2 重印）

ISBN 978 - 7 - 5100 - 1609 - 7

Ⅰ．①大… Ⅱ．①大… Ⅲ．①自然科学 - 青少年读物 Ⅳ．①N49

中国版本图书馆 CIP 数据核字（2010）第 116824 号

书　　名	大自然的变迁	
	DAZIRAN DE BIANQIAN	
编　　者	《大自然的变迁》编写组	
责任编辑	左先文	
装帧设计	三棵树设计工作组	
出版发行	世界图书出版有限公司　世界图书出版广东有限公司	
地　　址	广州市海珠区新港西路大江冲 25 号	
邮　　编	510300	
电　　话	020-84452179	
网　　址	http://www.gdst.com.cn	
邮　　箱	wpc_gdst@163.com	
经　　销	新华书店	
印　　刷	唐山富达印务有限公司	
开　　本	787mm×1092mm　1/16	
印　　张	10	
字　　数	120 千字	
版　　次	2010 年 6 月第 1 版　2024 年 2 月第 11 次印刷	
国际书号	ISBN　978-7-5100-1609-7	
定　　价	48.00 元	

前　言

PREFACE

有一个词语"沧海桑田"，原意是海洋会变为陆地，陆地会变为海洋。这种"沧桑之变"是发生在地球上的一种自然现象。因为地球内部的物质总在不停地运动着，因此会促使地壳发生变动，有时上升，有时下降。挨近大陆边缘的海水比较浅，如果地壳上升，海底便会露出，而成为陆地，相反，海边的陆地下沉，便会变为海洋。有时海底发生火山喷发或地震，形成海底高原，山脉、火山，它们如果露出海面，也会成为陆地。"沧海桑田"的变化，在地球上是普遍进行着的一种自然过程。

46 亿年前，地球诞生了。根据科学家推断，地球形成之初是一个由炽热液体物质（主要为岩浆）组成的炽热的球，在极致的高温条件下，地球生成了原始的大气，再形成原始的海洋，经过漫长的演化，有机物从海洋中分离出来，时间成为生命诞生的推手，地球诞生十几亿年之后，生命诞生在海洋摇篮中。

现如今，在进化过程中，有许多关键性的生物分化，配合地质时间与进化历程，科学家们已经能够归纳出进化时间表。目前已知的化石纪录中，最早生命遗迹是出现在约 38 亿年前，原核单细胞生物则出现在 33 亿年前。到了 22 亿年前，才出现最早的真核单细胞生物，如蓝绿菌。6 亿年前藻类与软体无脊椎动物出现。5 亿年前，大多数现代动物在分类上的门已经出现，之后海中藻类大量出现，而且植物与节肢动物开始登上陆地，蕨类植物开始包围陆地。时间继续前行，硬骨鱼类、两栖类与昆虫类出现了，蕨类植物形成了森林，为煤炭的形成奠定了基础，零星的种子植物开始出现，爬虫类在森林中漫步，两栖类支配了地球。或许因为地球生命走得太顺利，大自然需要给

生命一点激励的挫折，所以爬虫类和蕨类植物在变幻莫测的大自然面前很快失去了优势，留下来的顽强者再次出现进化，恐龙时代来了，蕨类植物进化为裸子植物，随着时间的流逝，开花植物也出现了。魔幻般的大自然不会停止它的挫折教育，就在这样一次，两次……的灭绝性挫折教育下，地球生命不断地进化，开花植物与哺乳动物在这段时间取代了裸子植物与爬虫类，成为支配地球的生物。可能是人类祖先的类人猿出现在 360 万年前，直到 10 万年前，现代人诞生了，人类的产生让地球开始散发着智慧的光芒。

本书从地球诞生开始说起，带领读者朋友们走向远古，揭开大自然变幻莫测的面纱，寻找沧海桑田、生命进化的奥秘。

Contents
目　录

循环的气候变迁

动物进化历程

植物进化历程

话说地球的演化

固体地球形成至今，在46亿年的漫长演变史中，经历了地球化学动力演化、大气成分的演化、海陆变迁及生命的演化，形成今日的地球。这些变化，有些是逐渐发生的，有些是突然发生的。目前发现的地球上最古老的生命，距今38亿年。至距今35亿年，出现了能进行光合作用的蓝藻。原始生命在缺氧、沸腾的水中挣扎了20多亿年，改造着原始海洋，从而影响了原始大气。终于，在大约距今17亿年前后，现代海洋及现代大气圈形成。水圈、大气圈反馈生物，使地球生命迅速由低级向高级进化。到距今4亿年前，出现陆生植物，随之，动物登陆，地球表面被生物覆盖，真正的生物圈形成了。至此，地球开始向成熟，向文明迈进。

探索地球的起源

关于地球的起源问题，已有相当长的探讨历史了。在古代，人们就曾探讨了包括地球在内的天地万物的形成问题，在此期间，逐渐形成了关于天地万物起源的"创世说"。其中流传最广的要算是《圣经》中的创世说。在人类历史上，创世说曾在相当长的一段时期内占据了统治地位。

自1543年波兰天文学家哥白尼提出了日心说以后，天体演化的讨论突破了宗教神学的桎梏，开始了对地球和太阳系起源问题的真正科学探讨。1644年，笛卡儿在他的《哲学原理》一书中提出了第一个太阳系起源的学说，他认为太阳、行星和卫星是在宇宙物质涡流式的运动中形成的大小不同的漩涡里形成的。1个世纪之后，布封于1745年在《一般和特殊的自然史》中提出

哥白尼

第二个学说，认为：一个巨量的物体，假定是彗星，曾与太阳碰撞，使太阳的物质分裂为碎块而飞散到太空中，形成了地球和行星。事实上由于彗星的质量一般都很小，不可能从太阳上撞出足以形成地球和行星的大量物质的。在布封之后的200年间，人们又提出了许多学说，这些学说基本倾向于笛卡尔的"一元论"，即太阳和行星由同一原始气体云凝缩而成；也有"二元论"观点，即认为行星物质是从太阳中分离出来的。1755年，著名德国古典哲学创始人康德提出"星云假说"。1796年，法国著名数学家和天文学家拉普拉斯在他的《宇宙体系论》一书中，独立地提出了另一种太阳系起源的星云假说。由于拉普拉斯和康德的学说在基本论点上是一致的，所以，后人称两者的学说为"康德—拉普拉斯学说"。整个19世纪，这种学说在天文学中一直占据统治的地位。

到20世纪初，由于康德—拉普拉斯学说不能对太阳系的越来越多的观测事实做出令人满意的解释，致使"二元论"学说再度流行起来。1900年，美国地质学家张伯伦提出了一种太阳系起源的学说，称为"星子学说"；同年，摩耳顿发展了这个学说，他认为曾经有一颗恒星运动到离太阳很近的距离，使太阳的正面和背面产生了巨大的潮汐，

行 星

从而抛出大量物质，逐渐凝聚成了许多固体团块或质点，称为星子，进一步聚合成为行星和卫星。

现代的研究表明，由于宇宙中恒星之间相距甚远，相互碰撞的可能性极

小，因此，摩耳顿的学说不能使人信服。由于所有灾变说的共同特点，就是把太阳系的起源问题归因于某种极其偶然的事件，因此缺少充分的科学依据。著名的中国天文学家戴文赛先生于1979年提出了一种新的太阳系起源学说，他认为整个太阳系是由同一原始星云形成的。这个星云的主要成分是气体及少量固体尘埃。原始星云一开始就有自转，并同时因自引力而收缩，形成星云盘，中间部分演化为太阳，边缘部分形成星云并进一步吸收演化为行星。

总的来说，关于太阳系的起源的学说已有40多种。20世纪初期迅速流行起来的灾变说，是对康德—拉普拉斯星云说的挑战；20世纪中期兴起的新的星云说，是在康德—拉普拉斯学说基础上建立起来的更加完善的解释太阳系起源的学说。人们对地球和太阳系起源的认识也是在这种曲折的发展过程中得以深化的。

太阳系

至此，我们可以对形成原始地球的物质和方式给出如下可能的结论：形成原始地球的物质主要是上述星云盘的原始物质，其组成主要是氢和氦，它们约占总质量的98%。此外，还有固体尘埃和太阳早期收缩演化阶段抛出的物质。在地球的形成过程中，由于物质的分化作用，不断有轻物质随氢和氦等挥发性物质分离出来，并被太阳光压和太阳抛出的物质带到太阳系的外部，因此，只有重物质或土物质凝聚起来逐渐形成了原始的地球，并演化为今天的地球。水星、金星和火星与地球一样，由于距离太阳较近，可能有类似的形成方式，它们保留了较多的重物质；而木星、土星等外行星，由于离太阳较远，至今还保留着较多的轻物质。关于形成原始地球的方式，尽管还存在很大的推测性，但大部分研究者的看法与戴文赛先生的结论一致，即在上述星云盘形成之后，由于引力的作用和引力的不稳定性，星云盘内的物质，包括尘埃层，因碰撞吸积，形成许多原小行星或称为星子，又经过逐渐演化，聚成行星，地球亦就在其中诞生了。根据估计，地球的形成所需时间约为1000万～1亿年，离太阳较近的行星（类地行星），形成时间较短；

离太阳越远的行星，形成时间越长，甚至可达数亿年。

至于原始的地球到底是高温的还是低温的，科学家们也有不同的说法。从古老的地球起源学说出发，大多数人曾相信地球起初是一个熔融体，经过几十亿年的地质演化历程，至今地球仍保持着它的热量。现代研究的结果比较倾向地球低温起源的学说。地球的早期状态究竟是高温的还是低温的，目前还存在着争论。然而无论是高温起源说还是低温起源说，地球总体上经历了一个由热变冷的阶段，由于地球内部又含有热源，因此，这种变冷过程是极其缓慢的，直到今天地球仍处于继续变冷的过程中。

星云说

星云说，关于太阳系起源于原始星云的各种假说的总称。一类假说认为太阳系内的所有天体都由同一团原始星云形成，中央部分形成太阳，外围部分形成行星、卫星等天体，这类假说被称为共同形成说；另一类则认为太阳先形成，然后由太阳从恒星际空间俘获弥漫物质形成原行星云，再由原行星云形成行星和卫星，这类假说被称为俘获说。

早期地球素描

太阳系在大约 50 亿年前诞生后，大约过了 5 亿年，地球开始形成。地球是由原始的太阳星云分馏、坍缩、凝聚而形成的。

首先，星子聚集成行星胎，然后再增生而形成原始地球。

原始地球所获得的星子是比较冷的，但是每个落到原始地球上的星子都有很高的运动能量，这种能量因冲击转化为热能；另外，由于星子的堆积使地球行星外部重量增加，内部受压缩，消耗在压缩内部的能量转化为热被保存下来；再加上放射性元素铀、钍、钾等的衰变产生的热积累，地球开始变热，并最终导致大部分地区温度超过铁的熔点。原始地球中的金属铁、镍及硫化铁熔化，并因密度大而流向地球的中心部位，从而形成液态铁质地核。

随后，地球的平均温度进一步上升，引起地球内部大部分物质熔融，比母质轻的熔融物质向上浮动，把热带到地表，经冷却后又向下沉没，这种对流作用控制下的物质移动，使原始地球产生全球性的分异，演化成分层的地球，即中心为铁质地核，表层为低熔点的较轻物质组成的最原始的陆核，陆核进一步增生、扩大形成地壳。地核与地壳之间为地幔。分异作用是地球内部最重要的作用，它导致了地壳及大陆的形成，并导致大气和海洋的形成。

氢和氧结合成的水，原先潜藏于一些矿物中。当原始地球变热并部分熔融时，水释放出来并随熔岩运移到地表，大部分以蒸汽状态逸散，其余部分在漫长的地质历史进程中逐渐充满大洋。在原始地球变热而产生分异作用的过程中，从地球内部释放出来的气体形成了大气圈。早期地球的大气圈成分与现代不同，正是由于紫外辐射的能量促使原始大气成分之间发生反应，从无机物质生成有机小分子，然后发展成有机高分子物质组成的多分子体系，再演变成细胞，生命得以开始和进化。

经过早期分异阶段，地幔固结，原始地壳和大陆发育，并形成了大洋和大气圈。

地核和地幔的变化对地球磁场的变化起主导作用。地质构造演化、板块的形成与运动，以及地震、火山等自然现象说明，地球内部处于热学和力学不平衡的状态，存在巨大的力源，使运动持续不停。

地核的 2 个可测的物理特性是磁场和热量。地核通过 2 个重要的直接途径对地幔产生影响：①向地幔底部提供热量，激励地幔深处的热对流，即热的输出是通过传导与对流；②对地幔施加一种机械的转矩，这种相互机械作用和包括大气运动等在内的其他地球过程，决定了一天的长短变化和地球转轴在空间的定向。

地幔对流是发生在地幔中的一种热方式，也是一种地幔物质的运动过程。地幔中的这种热对流作用是地球内部向地球表面输送能量、动量和质量的有效途径，很可能就是地球演化的驱动力。

地球的最上层是厚约 100 千米的坚硬岩石层，称为岩石圈，它包括地壳和上地幔的顶部。岩石圈下面是上地幔的低速层，其物质少部分是熔化的，但固体介质长期处在高温高压环境中会具有流变特征，整个低速层便可以发生流动变形，故称为软流圈，其下界深约 220 千米。岩石圈不是一个整体，而是被构造活动带割裂的、持续不断地相对运动着的若干刚性板块。最早曾将全球岩石圈分为 6 个大板块：欧亚板块、美洲板块、非洲板块、太平洋板

块、印澳板块和南极板块。这些板块的边界并非大陆边缘，而是海岭、岛弧构造和水平断裂。除太平洋板块完全是水域外，其余都是海陆兼有。绝大部分的地震和火山发生在板块边界处。板块构造对大陆陆块的联结和分离，对生物物种的迁移和进化具有重要意义。

板块大地构造学说认为：地球上层的大地构造运动和地震活动主要是这些板块相互作用的结果。板块变形主要发生在它们的边界部位，板内变形主要是大范围的造山运动。地球表面有环太平洋地震带、欧亚地震带以及大西洋中一条很长的弱地震带，这些地震带正是板块的边界。

美洲、非洲、欧洲和格陵兰在2亿年前的很长时间里都是连在一起的，约在2亿年前才开始分裂，后来扩张形成大西洋，这种过程叫做"离散"；而印度板块还只是到了距今0.7亿~0.6亿年前才漂移到亚洲附近，随后与欧亚板块产生相互碰撞。这种过程叫做"汇聚"。板块会分离和碰撞，还会沿转换断层相互滑动，这是板块构造理论的关键。

在板块碰撞过程中，重的大洋岩石圈向较轻的大陆岩石圈之下的地幔中插进去，称为"俯冲"。正是因为印度板块的俯冲，使我国青藏高原在新生代隆起成为全球地壳厚度最大的、陆地上海拔高程最高的地区，对全球环境产生重大影响。

由于板块的汇聚和离散及其持续不断的运动，给形成矿产造成了许多有利条件。在汇聚区，岩石圈俯冲到大陆或岛弧下发生重熔，含矿溶液上涌。世界上许多硫化物矿床都与板块汇聚有关。在岛弧与大陆之间的边缘海区，沉积物中含有大量的有机物，创造了生油条件，我国东海、黄海和南海就是这类地域。板块的离散边界是新海底产生的地方，海水侵入岩石裂隙，溶解地幔上涌的物质，产生热水矿床。

地球构造的形成

地球是一个非均质体，内部具有分层结构，各层物质的成分、密度、温度各不相同。

科学家们根据地震波在地球内部传播速度的变化情况，发现地球内部存在着几个显著的波速不连续界面，从而将地球内部分为几个不同物质组成、不同物理性质的同心圈层，并且综合地球科学、天文学及天文地质学研究成果，结合岩石的高温高压实验、陨石及宇宙化学的研究成果，推断出地球各圈层的密度、压力、温度及化学成分等特征。

（1）地壳：由风化的土层和岩石组成。上部为硅铝层（花岗质岩），下部为硅镁层（玄武质岩）。大洋底部经常缺失硅铝层，地壳平均厚度为 33千米。

（2）地幔：上地幔主要由橄榄岩、超基性岩组成，下地幔由富含铁镁的硅酸盐矿物组成。

（3）软流层：又叫软流圈，位于上地幔上部岩石圈之下，深度在 50～250 千米之间，是一个基本上呈全球性分布的地内圈层。软流层顶底界面不十分确定，与岩石圈之间无明显界面，具有逐渐过渡的特点。软流层物质为高温熔融状态，柔软而富有可塑性。

（4）地核：由铁、镍元素组成。上部（外地核）是地球内惟一的液态圈层，内核是固态的。

（5）莫霍界面（南斯拉夫面）：地幔与地壳的分界面。

（6）古登堡面：地核和地幔之间的分界面（距地表 2800 余千米）。

大气圈、水圈、生物圈是包裹在地球外面的外 3 圈。它们自成系统，又互相渗透、互相影响，伴随着地球的成长而成熟。同时，又推动了地球的演化。

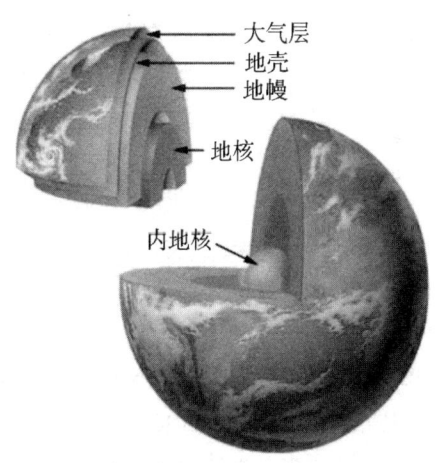

地球结构图

关于地球层圈构造的形成有 2 种不同的说法：

（1）地球层圈构造是地球自太阳星云盘内吸收聚积化学元素的分馏与顺序凝聚的结果，也就是说，组成原始地球的尘埃是按它们的密度和熔点的高低依次聚集的。熔点高、密度大的铁镍尘埃首先聚积，形成地球中心的地核；其次，铁镁硅酸盐尘粒的聚积，包围在地核之外层，即成为地幔；最后，熔点低、密度小的硅酸盐尘粒聚积，又包围在地幔之外层，成为地壳。

（2）地球形成以后，其初始物质发生部分熔融分异作用造成层圈构造。占地球体积 84% 的地幔部分熔融以后导致分异，终于形成地核与地壳。

到 20 世纪 80 年代，几位美国学者对大陆的形成提出新见解，认为是陨石撞击的结果。又有人认为，42 亿年前，地球上肯定还没有大气。由于陨石的撞击十分的活跃，而地球当时又缺少大气层的保护，所以其撞击力量是非常大的。结果把薄薄的地壳撞破，导致到处火山爆发，于是大量的熔岩涌出，遍布地表，原始的地壳被掩埋了，以致原始地壳的痕迹如今十分难觅。

根据月球上月壳斜长岩的年龄为 43 亿～44 亿年，此时月球的月核、月幔、月壳 3 个层圈构造也已形成。由此推论，地球上的地核、地幔、地壳 3 个层圈构造也应该在此时形成。

岩石圈

岩石圈，是地球上部相对于软流圈而言的坚硬的岩石圈层。厚约 60～120 千米，为地震高波速带。包括地壳的全部和上地幔的上部，由花岗质岩、玄武质岩和超基性岩组成。其下为地震波低速带、部分熔融层和厚度 100 千米的软流圈。对岩石圈的认识，分歧很大，有人认为岩石圈与地壳是同义词，而与下部软流圈即上地幔有区别，但岩石圈与上地幔系过渡关系而无明显界面；有人认为岩石圈至少应包括地壳和地幔上层。

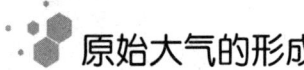 原始大气的形成

在地球形成的初期，原始的大气被太阳风吹散，由于地球本身质量的引力吸缩，放射性同位素衰变以及陨星的撞击，使冷凝的地球又迅速增温，估计温度高达 1500～2000K。原始地球又处于熔融状态，但随着物质的重新组合和分化，原先在地球内部的各种气体上升到地表成为新的大气层。而此时地球的引力已慢慢增大，除氢和氦可能部分逸散外，其他的气体就再跑不掉了，于是出现了富含甲烷、氨和水汽的原生大气。

到了距今 38 亿年以后，由于陨星的撞击非常强烈，导致地球表面火山活动非常普遍。于是地球内部的气体借火山喷发而充实到大气中，形成第二次原始大气，它的成分估计与现代火山气体相似。

我们现在地球大气的主要成分大致是：氮（78%）、氧（21%）、氩（0.9%）、二氧化碳（0.03%），此外，还有不定量的水蒸气和微量的臭氧、氖、氦、氙、氪和甲烷。

大约在46亿年前，大气伴随着地球的诞生就神秘地"出世"了。也就是天体力学主要奠基人拉普拉斯所说的星云开始凝聚时，地球周围就已经包围了大量的气体了。原始大气的主要成分是氢和氦。当地球形成以后，由于地球内部放射性物质的衰变，进而引起能量的转换。这种转换对于地球大气的维持和消亡都是有作用的，再加上太阳风的强烈作用和地球刚形成时的引力较小，所以，就使得原始大气很快就消失掉了。

拉普拉斯

在地球生成以后，由于温度的下降，地球表面发生冷凝现象，而地球内部的高温又促使火山频繁活动，火山爆发时所形成的挥发气体，就逐渐代替了原始大气，而成为次生大气。次生大气的主要成分是二氧化碳、甲烷、氮、硫化氢、氨等一些分子量比较重的气体。这些气体和地球的固体物质之间，互相吸引，互相依存。

后来，随着太阳辐射向地球表面的纵深发展，光波比较短的紫外线强烈的光合作用，使地球上的次生大气中生成了氧，而且氧的数量不断地增加。有了氧，就为地球上生命的出现提供了极为有利的"温床"。经过几十亿万年的分解、同化和演变，生命终于在地球这个襁褓中诞生了。原始的单细胞生命，在大气所纺织成的"摇篮"中，不断地演变、进化，终于发展成了今天主宰世界文明的高级人类。今天的大气也在这个过程中，获得了如此一个"美满的家庭"。

今天的大气虽然是由多种气体组成的混合物，但主要成分是氮，其次是氧；另外还有一些其他的气体，但数量则极其微小。今天的大气之所以形成这种情况，是由于地球长期演化的结果。

关于今天的大气成分为什么是这样，它们是怎样长期演化来的，目前主要有2种看法：①今天的大气就是从地球原始大气演化而来的。②原始大气已经不存在了，现在的大气是由于地球内部火山活动所喷发出的物质演化成的。为了分析说明这个问题，我们可以和地球的左邻右舍（金星和火星）进行一下对比。根据探测资料，金星的大气成分主要是碳酸气，它的下部主要是二氧化碳，另外还有少量的氧、氮、碳、氖、氩、水汽，上部有原子状态的氧。火星的大气成分主要是二氧化碳，另外还有些氨、氢、氧、水汽等物质。那么是不是以前的大气也是这样的呢？作为一个问题可以这样考虑。

假如地球原始大气也是以碳酸气为主的话，那么，为什么和今天以氮和氧为主的成分不一样？假如地球大气主要是火山喷发出来的，根据现在火山喷发的资料来看，火山喷发物质中主要是水汽，占81％；二氧化碳占10％；另外还有氮、硫等，但没有游离状态的氧。由此可见，无论是从原始大气来看，还是从火山喷发气体中的这些成分都很少。而且大气中自从有了自由氧，才可能有臭氧的形成。有了氧，原始大气中的一氧化碳，经过氧化成为二氧化碳，甲烷经氧化成为水汽和二氧化碳，氨经氧化成为水汽和氮。因而，二氧化碳才占优势。

二氧化碳在初始大气中占的分量很大，但是由于光合作用的发展，碳大量的被用来构成生物体，另外一部分碳溶解于海洋，成为海洋生物发展的一种物质。当大气中的二氧化碳较多时，溶解到海水体中的二氧化碳就相对增多。现在有一种看法认为，由于化石燃料的燃烧，二氧化碳的浓度在增大。但在二氧化碳浓度增大的同时，自然界生态平衡的结果也不可能使二氧化碳的浓度过分地增大，一定有一部分要溶解到水体中去。

再一个成分就是氮。现在大气中的主要成分是氮。但从原始大气中或火山喷发气中来看，氮的成分是很少的，只有百分之几。而现在氮的增多，主要有2个原因：①氮的化学性质很不活跃，不太容易同其他物质化合，多呈游离状态存在；②氮在水中的溶解度很低，氮的溶解度仅相当于二氧化碳的1/7。所以它大多以游离状态存在于大气中，由于二氧化碳的减少，初始水汽又大部分变成液态水，成为今天的水圈。相对来说，氮和氧的比例就增多了，所以今天氮有这么多，是和氮本身的特性是有关的。当然，氮也进行着循环，一些根瘤菌可以吸收氮，使得一部分氮参加到生物循环里去，这些物质在腐烂分解后，又放出游离的氮；也有一小部分氮进入到地壳的硝酸盐中。氮虽参加循环，但大部分呈游离状态存在，相对来说，它的数量在增多，以致成为大气的主要成分。由此，我们可以得出 2 点结论：①现在的大气成分是地球长期演化的结果，是和水圈、生物圈、岩石圈进行充分的物质循环的结果。可以说，这几个圈层是相互联系、互相渗透的一个整体。②现在的大气成分还在不断地进行着循环过程之中，而且这个过程基本是平衡的、稳定的，在短时期内不是会有明显变化的。

地球水的来源

当打开世界地图时，当面对地球仪时，呈现在我们面前的大部分面积是鲜艳的蓝色。从太空中看地球，我们居住的地球是一个椭圆形的、极为秀丽的蔚蓝色球体。水是地球表面数量最多的天然物质，它覆盖了地球 70% 以上的表面。地球是一个名副其实的大水球。

也许有人会问：这么多的水是从哪儿来的？地球上本来就有水吗？

地球刚刚诞生的时候，没有河流，也没有海洋，更没有生命，它的表面是干燥的，大气层中也很少有水分。那么如今浩瀚的大海，奔腾不息的河流，烟波浩渺的湖泊，奇形怪状的万年冰雪，还有那地下涌动的清泉和天上的雨雪云雾，这些水是从哪儿来的呢？

地球形成水圈的时间，由于目前还没有直接的证据，所以尚无定论。不过可以肯定的是，38 亿~40 亿年前地球上还不会有水。

地球在最初形成时，并没有空气，所以，也并不会"下雨"。那么，最初的水只能从地下而来。由于当时地球还没有大气层，所以，频频遭到陨星的轰击，而当时刚刚形成的、薄薄的地壳被击穿，造成地球表面大量的岩浆喷出。正是这些炽热的岩浆，把内部的结晶水带到地面。而大量火山喷发所带来的气体，慢慢积聚，加上地球形成的最初 5 亿年里，放射性元素的丰度比较高，产生的热量很大，地球内部排气的速度也很快，久而久之，地球就形成了大气圈。

在空气积聚到一定程度后，就开始了长时间的降雨。由于地壳表面到处都起伏不平，在低洼处聚集积水，慢慢地海洋、湖泊、河流也由此诞生了。

最初的水圈里水量很少，可能只相当于现在水圈水量的 1/10；而水量的

迅速增加，也许要到距今 20 多亿年前，因为那时的沉积岩分布已比较普遍了。

最初水圈中无多盐分，味道是淡的。水中的盐分是随着时间的推进，岩石的侵蚀、风化作用的增多，使其中的 Na、Cl 溶于水起了化合作用，才使水中含有较多的 Na、Cl，以致变咸。随着地壳地不断演化，海水的咸度也逐渐增加。

地球是太阳系八大行星之中唯一被液态水所覆盖的星球。地球上水的起源在学术上存在很大的分歧，目前有几十种不同的水形成学说。有观点认为在地球形成初期，原始大气中的氢、氧化合成水，水蒸气逐步凝结下来并形成海洋；也有观点认为，形成地球的星云物质中原先就存在水的成分。另外的观点认为，原始地壳中硅酸盐等物质受火山影响而发生反应、析出水分。也有观点认为，被地球吸引的彗星和陨石是地球上水的主要来源，甚至现在地球上的水还在不停增加。

风化作用

风化作用，是指地表或接近地表的坚硬岩石、矿物与大气、水及生物接触过程中产生物理、化学变化而在原地形成松散堆积物的全过程。根据风化作用的因素和性质可将其分为三种类型：物理风化作用、化学风化作用、生物风化作用。

变幻的地球环境

太古代的环境

太古代是地质年代中最古老、历时最长的一个代，即原始地壳以及原始大气圈、水圈、沉积圈和生物的发生、发展的初期阶段。

太古界的地层由变质深的正、副片麻岩组成。已知其中最古老的年龄为40 多亿年。据此认为，在此之前地球便出现了小型的花岗岩质地壳。由沉积岩变质而成的副片麻岩的出现，说明当时有了原始大气圈和水圈，并有单纯的物理化学风化。在这些结晶变质岩基底上覆盖着一层变质较轻的绿岩带，其中有火山岩和沉积岩，它们形成于当时地面的凹陷带，后来才经历变质作用。其年龄在34亿~23亿年间。据推测，太古代早期地球表面有许多小型花岗质陆块，它们之间有深浅多变的古海洋。后来各小陆块在移运中结合成面积较大的大陆板块。这些最古老的陆块现在已散布于各大陆中，即通常所说的稳定陆块的核心——克拉通或古地盾区。

太古代的地壳运动和岩浆活动既广泛又强烈，火山喷发频繁，故使大气圈和水圈才得以形成。原始海洋的面积可能比现在大，但平均水深则浅得多。现在世界各地蕴藏丰富的海相层状沉积的变质铁锰矿床和岩浆活动形成的金矿等就是在这时期形成的。当时的大气圈可能富含碳酸气、水蒸气和火山尘埃，只有少量的氮和非生物成因的氧。海水也是酸性矿化水（后来才逐渐被中和），陆地是灼热的、荒芜的。在某些适宜的浅海环境中，有些无机物质经过化学演化跃变为有机物质（蛋白质和核酸），进而发展为有生命的原核细胞，构成一些形态简单的无真正细胞核的细菌和蓝藻。这只是出现于太古代的后期。

总的来说，太古代是原始地理圈的形成阶段，陆地是原始荒漠景观，水域是生命孕育和发源之地。当时地壳与宇宙之间以及和地幔之间的物质能量交换比后来任何时候都强烈得多。

元古代的环境

在元古代，大陆性地壳逐渐由小变大，从薄增厚，火山活动相对减少，岩性也从偏基性向偏酸性转化。下元古界有巨厚的碎屑堆积，大有利于强烈的花岗岩化活动及导致大型侵入体的形成。由于大气中CO_2浓度降低和水中Ca、Mg离子增多，开始出现有化学沉积的碳酸盐岩。它将直接影响到岩浆

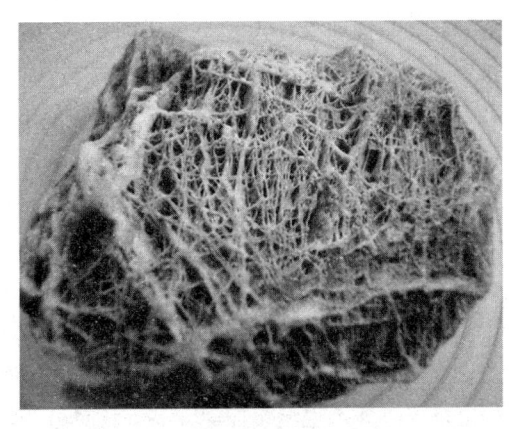

冰碛岩

过程的演化，导致碱性派生岩的出现。随着大气中游离氧的增加，氧化环境也开始出现了。因而后期有了鲕状赤铁矿和硫酸盐等矿物以及第一批红层建造的产生。生物的出现对环境的影响还不大，所以，在元古代无大量的生物化学沉积。元古代末还发现有冰碛岩，这是全球性第一次大冰期的产物。

水 母

这时原核生物已进化为真核生物，厌氧生物转化为喜氧生物（这个转折点称"尤里点"，发生于大气中氧含量增至当前大气中氧浓度的 1/1000 的时候），物种数量也开始增多。这时地球上的植物界第一次得到大发展，出现了数量较多的能进行光合作用与呼吸作用的较原始的低等植物，如绿藻、轮藻、褐藻、红藻等。这些微古生物已可用于地层的划分和对比。在元古代晚期，原始动物也出现了。如澳洲的埃迪卡拉动物群，其中有海绵、水母、节虫、扁虫及软体珊瑚等水生无脊索动物化石。在北美还发现有海绵骨针化石。

元古代有多次地壳运动，较广泛的有我国的五台运动、吕梁运动、澄江运动、蓟县运动等；北美有克诺勒运动、哈德逊运动、格伦维尔运动、贝尔特运动等。历次造山运动形成的褶皱带都使原有的小陆块逐渐拼合在一起成为古陆，后来都成为各大陆的古老褶皱基底和核心，前寒武纪陆台（或称地台），现在出露的只占陆地面积的 1/5。据古地磁研究，北美罗伦古陆和非洲古陆在元古代都曾发生过多次迁移。

古生代早期的环境

地壳形成以后，慢慢就出现了海洋，不过当时的海水很浅，几块小岛似的古陆散布在海洋中。后来随着地壳的变动，陆地不断扩大，地壳的厚度也随之增厚，海水也慢慢加深。有人计算过，每 100 万年可能使海水加深 1 米。

由于几次主要的大规模的地壳运动，到约距今 7 亿年的元古代晚期，地球上首次出现一个泛大陆（当时仅有的一块陆地，其面积很大），周围被泛大洋包围着。后来紧接着泛大陆出现分裂，分裂开的大陆发生漂移，到5.7亿年前的寒武纪初期时，泛大陆已经分裂成南半球的冈瓦纳大陆和北半球的古北美大陆、古欧亚大陆。

原始海洋

到奥陶纪时，地球上发生了一次剧烈的海底扩张，海底的山脉随之隆起，造成海平面上升，各大陆上出现大规模的海侵。所以当时的古北美大陆和我国大陆上都广泛地分布着当时的海相沉积及海洋生物。

到了距今3.8亿年前后的志留纪晚期，古欧洲大陆与古北美大陆由于大陆的相向漂移，发生冲撞，即所谓的加里东运动，致使其间的加里东海消失，形成新生的加里东山系，将欧美两个古大陆连接起来，这也是古生代早期最重要的地壳大规模运动。这个欧美联合大陆几乎持续了2亿年，直到中生代时期又重新分裂，出现了现在的大西洋。

北半球的劳亚古陆和南半球的冈瓦纳大陆。

在南半球与北半球之间，有一个开阔的海域相隔，这个海区，称为古地中海，或特提斯海。它基本上作东西向延伸。其北侧，即北半球诸大陆，合称为劳亚古陆；南半球的各洲连接在一起，称为冈瓦纳大陆。后来南半球大陆逐渐向北推进，与北半球大陆靠近，甚至碰撞，致使古地中海的范围逐渐缩小。

古生代晚期的环境

早期古生代将结束的时候，通过加里东造山运动，陆地面积扩大，出现了欧洲北美古陆、西伯利亚古陆、中国古陆以及南半球的冈瓦纳古陆。各古陆之间，仍存在着一些海洋，成为地壳上的活动地带。

古生代晚期的地壳活动，也就表现在这些活动带内。出现许多新生的山系，把原先分隔的几块大陆连接起来，陆地面积进一步扩大，全球基本上形

成一块完整的大陆。这块大陆称之为联合大陆，或泛大陆。

在这联合大陆之外，是一个完整的海洋，称为泛大洋。所以，在晚期古生代结束的时候，全世界只有1个大陆和1个大洋。

在这块联合大陆上的地形，大致分为2类：①新生的山系区，高峰峻拔，连绵不绝，就像现在的喜马拉雅山脉一样；②原先的古陆地区，则或是丘陵起伏，或是平畴千里，特别是滨海地带，还存在大大小小的沼泽湖泊，在那里生长着繁茂的森林。

当时的气候环境，北半球比较正常，自赤道带向北，低纬度海洋上是生物礁的密集地，大陆上则是蒸发岩与红色岩层的分布区。中纬度地区，是广漠无际的大片森林，甚至繁殖到北极圈附近。在北极圈范围内，也未曾发现古冰川遗迹，这说明，北半球整个地区，当时没有出现过严寒的冰天雪地环境。应该来说，当时北半球到处是郁郁葱葱的森林景观。

但在南半球，却完全是另一番景象。冈瓦纳大陆上出现了规模空前的大陆冰盖，约1/3的面积都被冰原覆盖着，远远超过现在的南极洲冰盖。这个冰盖经历的时间也特别久长，估计在1亿年以上，至二叠纪才开始慢慢融化消失。所以，如今在南半球各大陆上随处都能找到当时冰盖留下的大量遗迹。

中生代的大陆漂移

早在太古代晚期，地球上出现一些岛屿状的大陆开始，经过几亿年乃至十几亿年的时间，大陆不断扩大，分散的大陆不断拼合联结，到了古生代末期，形成了只有1个大陆（泛大陆或称联合大陆）和1个大洋（泛大洋）的局面。到了中生代开始，这个泛大陆又向着相反的方向分裂和解体。

在三叠纪晚期，南半球的冈瓦纳大陆上首先出现裂痕，也就是最初的印度洋开始产生海底裂痕。具体表现在非洲与南极洲之间、印度（当时位于南半球，是冈瓦纳大陆的组成部分）与非洲之间、印度与南极洲之间开始分裂；同时，北美洲与欧洲之间也出现裂痕，即北大西洋出现，大西洋洋底也开始扩张了。

到了侏罗纪，大西洋与印度洋的海底扩张进一步发展，同时，古地中海向西明显裂开。南极洲与澳大利亚虽然仍连接一起，但这块大陆与南美洲、非洲、印度完全分离，而新西兰位于南极洲之南，接近南极的极点。古中国大陆及日本山脉原相偎在一起，自三叠纪晚期从泛大陆上出现裂痕以后，此时漂到南纬的赤道附近。古印度大陆也向北漂移，使印度洋的面积比先前扩大了。

到白垩纪，大陆分裂进一步扩展，各大洋继续增大，南半球表现得最为明显，目前所见的海陆配置面貌亦已基本奠定。大西洋更为明显，南美洲与非洲已完全脱离，非洲与欧亚古陆之间仅在伊比利亚半岛有所连接，古地中海（特提斯海）成为比较宽阔的东西向延伸的长条海槽，其东端直达现今的西藏南部、云南西部，并向南延伸到印支半岛以至印度尼西亚一带。

格陵兰尚未形成四周环海的岛屿，而是连接着古北美与古欧亚两个大陆。古南极洲与古澳大利亚仍未分开，连成一个长方形的大岛。印巴古陆已向北漂移较多，接近赤道，全岛都在南半球位置上。古中国大陆包括亚洲东部诸岛屿，也向北漂移，将近1/2的地域已超过赤道，进入北半球的低纬度地区。印度洋的面积与大西洋一样，都大大地扩展了。

新生代的海陆配置和自然环境

到了新生代之后，全球的海陆分布对比起中生代，又有了不同，与现在的世界地图相比较，也有一些差异。先看北美洲，那时候从得克萨斯州往西，沿落基山有一条南北向的内海，把北美洲分隔成东西两半，其西部的北美洲经过白令海峡可与亚洲相连，而东部的一半则通过北极大陆与欧洲浑然一体。

欧亚大陆的地理形态也与今天不同，乌拉尔有一条南北向的海峡，其北端与北极海相通，南端则连向地中海，所以严格来说，所谓欧亚大陆当时并不存在，欧洲与亚洲之间的分界线正好是海峡分隔。亚洲南部从第三纪早期开始位移的变化是很大的，或者说，这就是板块漂移的结果，类似的情况也发生在非洲和阿拉伯半岛等地。

南北半球之间的古地中海原是十分开阔的大海，自中生代以来，逐步缩小。到晚第三纪初期，非洲大陆板块和阿拉伯板块向北漂移，与欧亚大陆板块在古地中海西部相遇。撞

阿尔卑斯山

击的结果是出现阿特拉斯山和安达卢西亚山的褶皱隆起，致使古地中海西端几乎封闭，海域面积大为减小。到早第三纪后期，南半球的板块进一步北移，使阿尔卑斯山变形，这次造山运动向东一直延伸到中东、近东各地，并持续到晚第三纪早期，导致古地中海的中段也变成封闭，中东和近东地区就出现了新生的大陆。同时，也出现了被陆地包围起来的内海——黑海。此时，古地中海的西段进一步封闭，地中海内的海水一度干涸。当时的欧洲和非洲之间，没有水域分隔。

到了晚第三纪后期，阿尔卑斯山继续升高，而大西洋与地中海之间，发生大规模的断裂活动，于是打开了地中海西端的通道，大西洋海水沿着通道重返回地中海，一直继续到今天。

东非大裂谷

正当非洲板块向北漂移的时候，大陆的东部出现了巨大的裂谷，即产生了世界著名的东非大裂谷。

再看古地中海东段延伸的喜马拉雅山地区，这里与中国大陆的面貌最为密切。印度板块自从中生代时冈瓦纳大陆解体分离出来以后，继续向北漂移。到早第三纪时，越过赤道，到达北回归线附近，其北缘开始向亚洲大陆板块之下俯冲，到始新世末期，两者终于相撞，致使古地中海东端的喜马拉雅海槽消失，两个板块发生挤压，出现了一系列褶皱山系，喜马拉雅山就这样形成了。起初，山势并不高，但由于俯冲作用继续进行，亚洲大陆南缘也就继续抬升翘起，逐渐使山体升高。

在板块漂移、碰撞过程中，板块内部也出现断裂活动，例如在印度中、西部在早第三纪时有广泛的火山活动，著名的"德干暗色岩"就是此时的喷溢熔岩。研究者认为，这些火山活动与断裂构造可能是由于印度板块与非洲以东的塞舌尔群岛之间的分离有关。

新生代时期，在环太平洋之滨也出现了许多新生的山系。澳大利亚在新生代的时期比较平静，没有影响大的地壳运动。在南极洲大陆上，第三纪时期出现火山喷发。南极大陆在新生代早期仍处于低纬度地区，随着板块的逐步向南漂移，到新生代晚期才漂到现在的位置。由于环太平洋及古地中海都是板块相撞的地带，又是地壳上深断裂的俯冲所在，所以也是现代地震的集中地带。

由于海陆配置的巨大变化，必然影响到自然环境的改变。在研究新生代的气候变化时，必须注意2个方面的特点：①解释高纬度的气候带时，必须联系到大陆板块漂移的结果；②当全球大规模的冰川出现时，对新生代后期的气候环境发生的严重影响。

第三纪时期，暖热的气候似乎遍及全球，甚至南极和北极在早第三纪时曾都是热带气候。进入晚第三纪，特别是到上新世以后，全球气候转凉的现象比较明显。

第四纪时期，出现冰期与间冰期气候的交替，对环境影响很大，就以早更新世时期为例，其气温可能比前期下降5～10℃，所以，在我国西部高山地区出现冰川。但到间冰期时，气温又明显转暖。

第四纪冰期

第三纪末，气候开始转凉；第四纪初期，寒冷气候带向南转移，使高纬度和高山地区进入冰期，并广泛发育冰盖或冰川。

第四纪冰期的规模很大，在欧洲，冰源南缘可达北纬50°附近；在北美，冰盖前缘一直延伸到北纬40°以南；南极洲的冰盖也远比现在大得多；包括赤道附近在内的地区的山岳冰川和山麓冰川，都曾下达到较低的位置。中国第四纪冰川作用的范围，不仅包括东北、西北、西藏和西南等地的山地和高原，而且波及东部山区和山麓平原。

这次大冰期，至少可分4次冰期和3次间冰期。在最大的一次冰期中，全球大陆有32%的面积为冰川所覆盖，大量的水分停滞于大陆上，致使海面下降约130米。

在第四纪冰期中，气温比现在低3～7℃左右，雪雨降量也比较大，不但高纬度地区为冰川覆盖，就是中低纬地区也出现寒冷气候，并在山区发育山岳冰川。

但是，并不像灾变论者所说的那样，生物会全部消灭。相反，从人类发展历史来看，原始人类是在第四纪冰期和间冰期的气候变化中，经过同自然界严寒的条件作激烈斗争，发展成为现代人。

进入全新世，气温一度较高，可能高出现在 6℃。竺可桢提出中国最近 5000 年来的气候变化：仰韶文化期，华北平原盛长竹林，年平均气温高于现在 2℃；距今 3000 年前，出现第一次寒冷期；距今 2000 年前，出现第二次寒冷期，以后有一个明显的暖期，当时气温高出现在 2～3℃；到 14 世纪～19 世纪中叶，其中在公元 1700 年时出现历史时期的最低温。到 19 世纪中叶，气温又转暖；20 世纪 50 年代以来，西部气候有转凉的趋势。

那么，地球上今后的气候将会发生什么样的变化呢？杨怀仁根据第四纪后期气候的变化特点和近年的环境变化提出如下推测：21 世纪全球气温将上升，因此海平面升高是最主要的。这对于今后人类的生活将产生严重的影响。北极的冰川将会明显的融化，大气环流随之改变。有些地区的蒸发量和降水量也会增高，而另一些地区则相反，各地气候反差很大。而南极洲的冰川可能较为稳定，暂时不会有明显的融化，从而加强了南北两半球气候的不对称性。

现在我们知道地球的历史约有 46 亿年了，在这数十亿年里，地球经历过很多变化，曾多次出现由海变陆，或由陆变海的过程。伴随着这些变化，地球上也出现了生物从无到有，从低级到高级的发展过程。

关于生命起源的学说

生命的神造说

创造论否认一切的事物是自然形成的说法。它认为哪怕是正在呼吸的空气，也是需要被创造才得以产生。目前人类正在面临各种自然资源枯竭，生态平衡被破坏而带来的各种灾难的情况下，对大自然的驾驭更是感到无能为力。人类无能为力的时候，还能做什么呢？唯有依靠神。这不是愚昧，而是人的本能就是这样。从古至今，有很多说法来解释生命起源的问题。在中世纪的西方，《圣经》描绘的上帝，就有七天造万物之说。这是在中世纪大家普遍接受的说法。

在《圣经》上说，"起初，神创造天地。"

宇宙初始之时是无边无际混沌的黑暗，只有上帝之灵穿行其间。上帝对这无边的黑暗十分不满，就轻轻一挥手说："要有光"，于是世间便有了光。上帝称"光"为"昼"，称"黑暗"为"夜"。不久亮光隐去，黑暗重临。从此，世界就有了昼与夜的交替。这是上帝创世的第一天。

第二天，上帝看到天空中依旧单调乏味，显得很不痛快，他便说："天空中要有星体的运转以区别昼夜限定时节。"于是，天空又布满了星辰。

第三天，上帝看到大地混沌，便说："要有苍穹把水隔开。"于是，天空把水分成了两部分：一部分在天上，称为云；一部分在地上，汪洋一片称为水。

第四天，上帝说："天下的水应聚集在一起，使旱地显露。"于是，水便汇聚起来，旱地显露出来。上帝称旱地为"陆"，称聚水的地方为"海"。上帝又说："陆地上要生出草木，生出能结籽的蔬菜和能结果的树木。"于是大地生出了草木，出现了各种瓜果蔬菜，籽实累累。整个大地生机盎然。

第五天，上帝说："水中要有众多的鱼，天空中要有无数的鸟。"于是，世间出现了各种各样的鱼和飞鸟。鱼自在地畅游在水中，鸟自由地翱翔在天空。上帝又说："地上要有各种动物。"于是，大地上出现了各种野兽和昆虫，野兽在地上奔跑自如，昆虫飞舞在花草中。

第六天，上帝看到阳光明媚，大地辽阔，世间一片姹紫嫣红，兽跳虫跃，鱼游鸟鸣。上帝十分满意，便高兴地说："我要照我样式造人，让他管理地上的万物和走兽。"说完，上帝便用泥捏成一个泥人，并朝泥人吹了一口神气，人便在上帝的手里诞生了。上帝看到天地万物井然有序、生生不息，他造的人英俊健壮。他感到很满意，便在第七天休息下来。

后来，人们按照上帝造世的时间，也把每周分为7天，6天工作，第七天休息。或是5天工作，第六天做自己的事，第七天休息。并把每周的第七天称为"礼拜天"，用来感谢上帝造世的功德。

这种神造万物的说法，是我们的先民对于自然想象不理解的一种解释。在我国也有盘古开天地的说法。

传说在天地还没有开辟以前，宇宙就像是一个大鸡蛋一样混沌一团。没有东南西北，也没有前后左右。就在这样的世界中，诞生了一位伟大的英雄，他的名字叫盘古。巨人盘古在这个"大鸡蛋"中一直酣睡了约18000年后醒来，发现周围一团黑暗，当他睁开蒙眬的睡眼时，眼前除了黑暗还是黑暗。他想伸展一下筋骨，但"鸡蛋"紧紧包裹着身子，他感到浑身燥热不堪，呼吸非常困难。天哪！这该死的地方！

盘 古

盘古不能想象可以在这种环境中忍辱地生存下去。他火冒三丈，勃然大怒，于是他拔下自己一颗牙齿，把它变成威力巨大的神斧，抡起来用力向周围劈砍。"哗啦啦啦……"一阵巨响过后，"鸡蛋"中一股清新的气体散发开来，飘飘扬扬升到高处，变成天空；另外一些浑浊的东西缓缓下沉，变成大地。从此，混沌不分的宇宙一变而为天和地，不再是漆黑一片。人置身其中，只觉得神清气爽。

天空高远，大地辽阔。但盘古没有被胜利冲昏头脑，他担心天地会重新合在一起，于是又开双脚，稳稳地踩在地上，高高昂起头颅，顶住天空，然后施展法术，身体在一天之内变化 9 次。每当盘古的身体长高 1 尺，天空就随之增高 1 尺，大地也增厚 1 尺；每当盘古的身体长高 1 丈，天空就随之增高 1 丈，大地也增厚 1 丈。

经过 18000 多年的努力，盘古变成一位顶天立地的巨人，而天空也升得高不可及，大地也变得厚实无比。天越来越高，地越来越厚，盘古的身体长得有 90000 里那么长了。

盘古仍不罢休，继续施展法术，不知又过了多少年，天终于不能再高了，地也不能再厚了。

这时，盘古已耗尽全身力气，他缓缓睁开双眼，满怀深情地望了望自己亲手开辟的天地。

啊！太伟大了，自己竟然创造出这样一个崭新的世界！从此，天地间的万物再也不会生活在黑暗中了。

盘古长长地吐出一口气，慢慢地躺在地上，闭上沉重的眼皮，与世长辞了。伟大的英雄死了，但他的遗体并没有消失：

盘古临死前，他嘴里呼出的气变成了春风和天空的云雾；声音变成了天空的雷霆；盘古的左眼变成太阳，照耀大地；右眼变成浩洁的月亮，给夜晚带来光明；千万缕头发变成颗颗星星，点缀美丽的夜空；鲜血变成江河湖海，奔腾不息；肌肉变成千里沃野，供万物生存；骨骼变成树木花草，供人们欣赏；筋脉变成了道路；牙齿变成石头和金属，供人们使用；精髓变成明亮的珍珠，供人们收藏；汗水变成雨露，滋润禾苗；呼出的空气变成轻风和白云，汇成美丽的人间风光；盘古倒下时，他的头化作了东岳泰山（在山东），他的脚化作了西岳华山（在陕西），他的左臂化作南岳衡山（在湖南），他的右臂化作北岳恒山（在山西），他的腹部化作了中岳嵩山（在河南）。传说盘古的精灵魂魄也在他死后变成了人类。所以，都说人类是世上的万物之灵。

事实上，在各个民族的初期都有关于宇宙万物起源的神话传说，这是远古先辈们对不能理解的自然现象的一种"自我解释"。而现在，创造论已经被证明为是一种荒谬的解释。

这种解释的根源是类比于人的制造能力，以及对概率论的错误应用。比如某宗教徒用手表自我形成的概率为零必然有造表者来证明人是被创造的。这种推理的根本错误在于他不懂得自然界普遍存在的自组织现象（如雪花、沙丘在一定条件下自动形成某种规则的形状，这显然不是被某高级主体有意制造的，而且也不能用概率论来推断）。生命体的最根本特征是自组织的，不是被制造的。

现代科技使人类拥有了非凡的制造能力，但却对更多的生命问题无能为力，原因也在于生命是自己组织的而不是被制造的，即便制造能力再大也无能为力。

生命起源的自然发生说

生命起源的自然发生说几乎与神创论有着同样古老的历史。自然发生说是 19 世纪前广泛流行的理论。这种学说认为，生命是从无生命物质自然发生的。自然发生论认为生命可以从非生命物质中自然产生。例如蛙可以从泥中长出，蛆虫可从腐肉中生出。从古希腊亚里士多德到近代的哈维、牛顿等大学者都坚信这一点。我国古代也有"腐草化萤"、"腐肉生蛆"、"白石化羊"等说法。在科学极其不发达的时代，人们根据"亲眼所见"得出"自生论"是很自然的。这显然是不科学的，但它在反对宗教的上帝造物的思想中，曾起过积极作用。

路易斯·巴斯德

法国微生物学家巴斯德的实验才最后地否定了自然发生说。路易斯·巴斯德（1821～1895年），法国微生物学家、化学家，近代微生物学的奠基人。

巴斯德根据他的发酵研究认为，生物不可能在肉汤或其他有机物中自然发生，否则灭菌、菌种选育等就都是无意义的了。巴斯德做了一系列实验，证明微生物只能来自微生物，而不能来自无生命的物质。他做的一个最令人信服，然而却是十分简单的实验是"鹅颈瓶实验"。

他将营养液（如肉汤）装入带有弯曲细管的瓶中，弯管是开口的，空气可无阻地进入瓶中，而空气中的微生物则被阻而沉积于弯管底部，不能进入瓶中。巴斯德将瓶中液体煮沸，使液体中的微生物全被杀死，然后放冷静置，结果瓶中不发生微生物。此时如将曲颈管打断，使外界空气不经"沉淀处理"而直接进入营养液中，不久营养液中就出现微生物了。可见微生物不是从营养液中自然发生的，而是来自空气中原已存在的微生物（孢子）。这个实验现在看来十分一般，也很简单。但它首次证明微生物不是自然发生的。巴斯德据此否认地球上最初的生物是从非生命物质发展来的可能性，而断言生物只能由同类生物产生。

然而，巴斯德不清楚最初的生物又是从哪里来的。

生命起源的化学起源说

化学起源说是被广大学者普遍接受的生命起源假说。这一假说认为，地球上的生命是在地球温度逐步下降以后，在极其漫长的时间内，由非生命物质经过极其复杂的化学过程，一步一步地演变而成的。

这一学说的代表是美国科学家米勒。他在实验过程中，把生命起源的4个阶段十分生动地展现在了人们面前：

（1）从无机小分子生成有机小分子的阶段。即生命起源的化学进化过程是在原始的地球条件下进行的，需要着重指出的是米勒的模拟实验。在这个实验中，一个盛有水溶液的烧瓶代表原始的海洋，其上部球型空间里含氢气、氨气、甲烷和水蒸气等"还原性大气"。他先给烧瓶加热，使水蒸气在管中循环，接着他通过两个电极放电产生电火花，模拟原始天空的闪电，以激发密封装置中的不同气体发生化学反应，而球型空间下部连通的冷凝管让反应后的产物和水蒸气冷却形成液体，又流回底部的烧瓶，即模拟降雨的过程。经过一周持续不断的实验和循环之后，米勒分析其化学成分时发现，其中含有包括5种氨基酸和不同有机酸在内的各种新的有机化合物，同时还形成了氰氢酸，而氰氢酸可以合成腺嘌呤，腺嘌呤是组成核苷酸的基本单位。米勒的实验试图向人们证实，生命起源的第一步，从无机小分子物质形成有机小分子物质，在原始地球的条件下是完全可能实现的。

（2）从有机小分子物质生成生物大分子物质。这一过程是在原始海洋中发生的，即氨基酸、核苷酸等有机小分子物质，经过长期积累，相互作用，在适当条件下（如黏土的吸附作用），通过缩合作用或聚合作用形成了原始的蛋白质分子和核酸分子。

（3）从生物大分子物质组成多分子体系。这一过程是怎样形成的呢？前苏联学者奥巴林提出了团聚体假说，他通过实验表明，将蛋白质、多肽、核酸和多糖等放在合适的溶液中，它们能自动地浓缩聚集为分散的球状小滴，这些小滴就是团聚体。奥巴林等人认为，团聚体可以表现出合成、分解、生长、生殖等生命现象。例如，团聚体具有类似于膜那样的边界，其内部的化学特征显著地区别于外部的溶液环境。团聚体能从外部溶液中吸入某些分子作为反应物，还能在酶的催化作用下发生特定的生化反应，反应的产物也能从团聚体中释放出去。另外，有的学者还提出了微球体和脂球体等其他的一些假说，以解释有机高分子物质形成多分子体系的过程。

（4）有机多分子体系演变为原始生命。这一阶段是在原始的海洋中形成的，是生命起源过程中最复杂和最有决定意义的阶段。

但米勒的实验也有很多的疑点，例如所使用的能量大小，不同气体的配合等虽然都产生了氨基酸、碳水化合物等物质，但仍不能证明这就是生命的起源。因为他所假设的大气层不能证明是原始的大气层，所得的结果就是不确定的。米勒本身也承认他的实验与自然界生命起源相距仍很遥远。并且现代科学发现在火星上有氧气存在却没有生命，那么，米勒假设大气层中没有氧气存在故没有生命之说就不成立，因此，无法证明生命起源是由单细胞进化而来的。

催化反应

催化反应，在催化剂作用下进行的化学反应称为催化反应。化学反应中，反应分子原有的某些化学键，必须解离并形成新的化学键，这需要一定的活化能。在某些难以发生化学反应的体系中，加入有助于反应分子化学键重排的第三种物质（催化剂）其作用可降低反应的活化能，因而能加速化学反应和控制产物的选择性及立体规整性。

原始生命的诞生

地球上蛋白质和核酸的出现，标志着化学演化已经进入了一个重要阶段。作为一个基本事实是，有了蛋白体，生命也就诞生了。生命的诞生，是地球开天辟地以来的大事件，是地球上非生命物质向生命物质转化的里程碑。

蛋白质和核酸虽然都是重要的生物大分子，但不能说是活的。只有蛋白体才称得上生命。蛋白体是一个由蛋白质和核酸组成的多分子体系，它具有形成"相"的能力，用自己的表面与原始海洋的水分开。但它又以开放系统的形式和环境发生相互作用。蛋白体具有 2 大特征：①它与无机界中的总倾向熵值增加相反，具有减少熵值的特性。蛋白体中分子和无机界中分子的无规则的热运动不同，它具有规则化秩序性。蛋白体的减熵或秩序性是靠源源不断地从外界补充物质、能量、信息来维持的，或者说是靠蛋白体从环境中吃进负熵来维持的。其实这种过程用生物学的语言来表述就是蛋白体的新陈代谢，即蛋白体与环境进行物质与能量的交换。如果这种交换一旦停止，蛋白体的多分子体系从有序变为无序，熵值就会增大，蛋白体也就解体。所以说新陈代谢乃是蛋白体第一个重要的特征。②蛋白体在新陈代谢的基础上自我保存，自我再生或自我繁殖的能力。

从蛋白质和核酸到蛋白体似乎只需迈出一步，但这一步在自然发生的过程中，却是显得步履维艰。原始海洋虽然在相当长的时期内，积累了丰富的有机物。如氨基酸、核苷酸、卟啉、核酸和蛋白质等，其含量可能达到 1%，但即使这样高的浓度，蛋白质和核酸的多分子体系还不能形成。那么，蛋白体到底是怎样形成的呢？关于这个问题，目前还存有不同的解释。一种是通过蒸发作用、冷冻作用或黏土的吸附作用，使蛋白质和核酸得到浓缩，在浓缩的过程中，蛋白质和核酸相互作用，建立某种关系，然后再由已形成的膜把它们包围起来，形成多分子体系，这种解释缺乏实验根据，令人难以置信。当然通过浓缩途径来加速蛋白质与核酸相互作用这一点还是可取的。

另一种解释是类蛋白微球体学说，这是美国学者福克斯等提出的。他认为类蛋白在热地区聚合成功以后，遇到雨水的冲刷，进入原始水域时，会聚集成为大小一致的微球体。类蛋白变成微球体的过程，就像下汤圆那样简单。由模拟实验得到的微球体外表很像细胞。它们大小一致；具有双层结构的外膜，借以与水分开。它们还有新陈代谢的现象，而且能像酵母菌那样进行出芽繁殖，但微球体并不含有核酸。于是福克斯等认为，生命起源先形成微球体，然后由微球体为核酸后来的发展提供了独特的环境。

再有一种解释就是著名的团聚体学说了。根据胶体在水中凝聚成团聚体的现象，苏联学者奥巴林提出，团聚体是生命起源最初模型的设想。奥巴林通过实验用天然蛋白质、核酸、多肽和多核苷酸溶液在一定的温度和酸度的条件下，分离出了团聚体。这种团聚体也有代谢现象，加入叶绿素还具有微弱的光合作用的能力，而且也会生长、繁殖。据此，奥巴林等认为，团聚体的形成过程是最早的多分子体系形成的合理过程。有人曾在研究数百米至数千米处的海水时，用电子显微镜观察到类似团聚体的结构。

最初形成的多分子体，可以是多种多样的。这些多分子体系大多和现在的生命类型不同，有的只含有蛋白质分子，就像福克斯所制备的类蛋白微球体那样；有的是由蛋白质和类脂或者蛋白质、多糖和类脂组成的多分子体系。当然其中也有蛋白质与核酸组成的多分子体系。最初所有这些生命类型都有发展能力，只是在以后的发展中才显示出高低来。

蛋白质和核酸组成的体系很像现在的病毒，也许它们的分子量可能还要比现在的病毒小些。它们应该是非细胞形态，蛋白质在外，核酸居中，很像元宵，我们不妨称它们为原病毒。它们生活在"原始海洋"中，最初的细胞是由这类原始的、自由生活的原病毒演变成的。现今的病毒只是未变的原病毒的后裔，在细胞出现后，它们发展成了适应寄生生活的类型。按照这个假设，噬菌体该是病毒中最原始的类型；其他病毒则是随着更高寄生生物出现，

由此逐渐转移演变而来的。但是有不少人认为病毒是退化生物，是由细菌逐渐退化而来的；还有人认为病毒是逃逸生物，是细胞内逸出的染色体物质或核酸片段。按照这两种假设，非细胞阶段生命类型看来已绝灭，没有留下后代。

原始海洋中的有机物十分丰富，"居民"极为稀少。所以，原始生命好像生活在水栖乐园那样，不愁"吃"、"喝"，自由自在。但随着各种各样的原始生命类型的形成和繁殖，原始海洋中的矛盾也就日益尖锐了。首先多分子体系大量消耗吞噬现成的有机小分子。随着有机物的减少，多分子体系之间也开始角逐。在长期自然选择过程中，蛋白质和核酸的生命类型，在它的内部多核苷酸和多肽之间出现了密码关系时，这种生命类型就能获得完善保存信息的能力。于是，蛋白质和核酸组成的生命类型以压倒的优势战胜了其他类型的多分子体系。

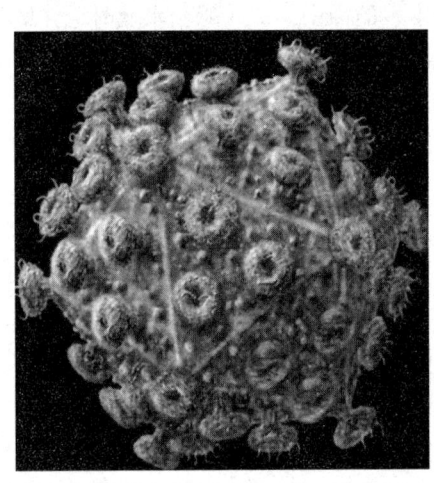

病　毒

原始生命在斗争中完善，在斗争中发展。原始生命内部的核酸和蛋白质之间最初建立的密码关系一定是很简单的。随着生命的进化，核酸分子越接越长，关于这点可以从病毒到细菌再到高等动物的细胞中，DNA 越来越长，遗传信息越来越多得到说明。另外在原始生命中，有的和现在病毒相似，它们或含有 DNA 和蛋白质，或只含 RNA 和蛋白质；有的原始生命与现在病毒不同，它们兼含 DNA 与 RNA 两种核酸和蛋白质。最初，很可能 DNA、RNA 均可与蛋白质建立密码关系，都可以指导蛋白质的合成。只是 DNA 分子具有稳定的双螺旋结构，在自然选择中它最有利充当遗传物质的角色，所以在现今的生物中，除病毒外，遗传大权都由 DNA 独揽了。

原始生命是非细胞形态，它们自己不会制造有机物，加上大气中没有氧，所以它们过着异养（吃现成）和厌氧的生活。经过长期演化，大约在距今 35 亿年前，原始生命内部结构逐渐复杂化，并且形成了细胞膜，在自己外围筑起了一道界膜。由于这层特殊结构，有效地控制了物质的进出，让养料流入，废物排出，使原始生命转化为原始细胞。"随着第一个细胞的产生，整个有机界的形态形成的基础也产生了"。我们看到的现代生物都是以细胞形态存在的。即使是非细胞形成的病毒也必须侵入细胞才能繁殖，细胞是生命的结构单元、功能单元和生殖单元，也是生命史上的一个巨大创新。

原始地球上没有游离氧，大气圈中也没有臭氧层，紫外光能长驱直入。这种条件有利于原始地球化学化，有利于有机物的积累，有利于生命的起源。生命一旦形成以后，紫外光就会杀伤生命，而且原始海洋中的有机物也会被耗尽。长此以往，厌氧、异养的原始生命的发展便要受到限制。可是天无绝"命"之路。化学演化中早已合成了叶绿素的核心卟啉环。生命具有无限的变异潜力，在厌氧的生物中发展出一种含叶绿素的蓝藻。它们利用光能进行光合作用，把无机物直接合成有机物。从此，生命自己解决了"粮食"问题。

光合作用产物之一——氧，使大气圈逐渐产生了臭氧层。臭氧屏障，阻止了紫外辐射，保护了生命。光合作用产生的氧，还促使还原性大气向氧化性大气转化，从而使生物由无氧酵解向有氧氧化发展，大大提高了生物能量代谢的效率。

自养生物利用光能把水、二氧化碳和氨盐合成了糖和蛋白质等有机物。异养生物通过吃自养生物又把有机物分解成水、二氧化碳和氨盐等，从此生物界出现了自养和异养、合成和分解的矛盾。由于这两对矛盾的对立统一组成了一个完整的生态系统，为以后的生命大发展开辟了崭新的道路，于是细胞出现了。

后来，随着细胞进一步的发展，细胞本身里边出现了细胞核。细胞核的主要成分是染色体，这是一种核蛋白，是核酸和蛋白质的结合物。染色体被核膜包围着，形成了细胞核，有细胞核的细胞，叫做真核细胞。现在绝大多数生物的身体，都是由真核细胞所组成。

细胞有个基本特点，它能够一分为二。1个细胞在一定条件下，能够分裂成2个子细胞。每个子细胞长大以后，又能够一分为二。这样继续不断地分裂，细胞就越来越多了。

最早的动物都是单细胞动物，分裂产生的子细胞仍旧单独生活。多细胞动物是后来才发展起来的。这就是说，在进化的过程中，某些单细胞动物的遗传性发生了变化，它们所产生的子细胞动物的遗传性也发生了变化，它们所产生的子细胞彼此不再分开，联合成细胞集团。

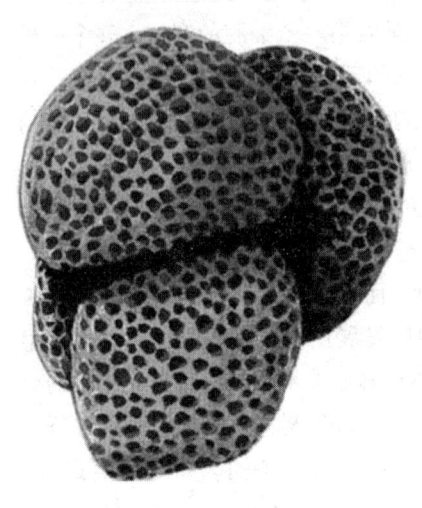

单细胞动物

最早的细胞集团也是很简单的，许多细胞虽然联合在一起了，仍然各自管自己的生活。慢慢地，有些简单的细胞集团起了很大变化，联合在一起的细胞逐渐分化，成为各种器官，来分担生活上的各种工作，这样，细胞之间就开始分工合作。有些细胞发展成一根管子，管子的开口就是嘴。这根管子专门消化食物，把营养物质供应给所有生活在一起的细胞。有些细胞发展成为神经。神经能将消息从这一部分传达到另一部分，好像电话线一样。后来动物长大了一些，有些细胞又发展成为血管系统，营养物质就可以通过血管输送给体内所有的细胞。因为有些细胞已经离开消化道很远，不能直接从消化道取得营养物质了。

现在还不知道这些复杂的变化经历了多少亿年。因为那些古老的动物又微小又柔软，很不容易留下化石来。不过我们已经知道，在 5 亿~6 亿年以前，所有的最重要的无脊椎动物都已发展出来了，在自然博物馆里，就陈列着它们的化石。

噬菌体

噬菌体，是感染细菌、真菌、放线菌或螺旋体等微生物的细菌病毒的总称，作为病毒的一种，噬菌体具有病毒特有的一些特性：个体微小；不具有完整细胞结构；只含有单一核酸。噬菌体基因组含有许多个基因，但所有已知的噬菌体都是在细菌细胞中利用细菌的核糖体、蛋白质合成时所需的各种因子、各种氨基酸和能量产生系统来实现其自身的生长和增殖。一旦离开了宿主细胞，噬菌体既不能生长，也不能复制。

寻找变迁的证据

岩　石

地球形成之初，地核的引力把宇宙中的尘埃吸过来，凝聚的尘埃就变成了山石，经过风化，变成了岩石，接着就变成陨石。在没有落入地球大气层时，是游离于外太空的石质的、铁质的或是石铁混合的物质；若是落入大气层，在没有被大气烧毁而落到地面就成了我们平时见到的陨石。简单地说，所谓陨石，就是微缩版的小行星"撞击了地球"而留下的残骸。几亿年过去了，世界上就有了无数岩石。现在人类在岩土工程界，常按工程性质将岩石分为极坚硬的、坚硬的、中等坚硬的和软弱的 4 种类型。

古老岩石都出现在大陆内部的结晶基底之中。代表性的岩石属基性和超基性的火成岩。这些岩石由于受到强烈的变质作用已转变为富含绿泥石和角闪石的变质岩，通常我们称为绿岩。如 1973 年在西格陵兰发现了同位素年龄约 38 亿年的花岗片麻岩。1979 年，巴屯等测定南非波波林带中部的片麻岩年龄约为 39 亿年。

岩　石

加拿大北部的变质岩——阿卡斯卡片麻岩是保存完好的古老地球表面的一部分。放射性年代测定表明阿卡斯卡片麻岩有将近 40 亿年的年龄，从而说明某些大陆物质在地球形成之后几亿年就已经存在了。

最近，科学家在澳大利亚西南部发现了一批最古老的岩石，根据其中所含的锆石矿物晶体的同位素分析结果，表明它们的"年龄"约为 43 亿～44 亿岁，是迄今发现的地球上最古老的岩石样本，根据这一发现可以推论，这些岩石形成时，地球上已经有了大陆和海洋。在地球诞生 2 亿～3 亿年后，可

能并不像人们所认为的那样由炽热的岩浆所覆盖，而是已经冷却到了足以形成固体地表和海洋的温度。地球的圈层分异在距今 44 亿年前可能就已经完成了。

目前在中国发现的最古老岩石是冀东地区的花岗片麻岩，其中包体的岩石年龄约为 35 亿年。

澳大利亚西部发现的微化石在形态结构上比较完整。它们究竟是蓝藻还是细菌目前尚难确定。通常认为，早期叠层石是蓝藻建造的，叠层石是蓝藻存在的指示。如果 35 亿年前就已经出现蓝藻，则说明释氧的光合作用早就开始了，这便引出一个问题：为什么直到 20 亿年前大气圈才积累自由氧呢？从 35 亿年前到 20 亿年前中间相隔 15 亿年之久，为什么氧的积累如此缓慢？对此当然有不同的解释。例如，近年来已经发现叠层石也可能完全由光合细菌建造，或甚至由非光合细菌建造。

最古老生命存在的间接证据中较重要的是格陵兰西部条带状铁建造和轻碳同位素。如果证据成立，则由此可推断在 38 亿年前的地球上已经出现进行释氧光合作用的微生物，即类似蓝藻的生物。

18 世纪末岩石学从矿物学中脱胎出来而发展成一门独立的学科。在岩石学发展的初期，主要研究的是火成岩，到了 19 世纪中叶才开始系统地研究变质岩，而沉积岩直到 20 世纪初才引起人们的注意。

变质岩

我们现在知道，地壳是由岩石组成的，通过研究这些岩石的物理性质和化学性质，就能对地球早期的面貌进行科学的推测。岩石在我们生活中并不陌生，可能到处都可以看到各种各样的岩石，眼花缭乱的，但其实岩石一般可以分成 3 大类：火成岩、沉积岩和变质岩。

借助这 3 大类岩石，大致可以推测地球在某时某地，是海洋、是陆地、是高山、是平原、有无火山活动、地壳运动等。沉积岩的岩相可以成为了解海陆变化、气候特征、水文情况等古环境特征的重要依据。从变质岩与火成岩的特征中可以推测地壳运动包括火山活动的规模、程度。当然，仅仅依靠观察岩石来了解地球的演化是不足的。比如同样的页岩、砂岩、石灰岩，既可以在海洋里形成，又可以在陆地上的河流或湖泊中形成。因此，在观察岩石的基础上，必须进一步研究包含在岩石里的，特别是沉积岩中的东西了。

化　石

化石是指由于自然作用保存在地层中的地史时期的各类生物的遗体、遗迹、遗物等。现代生物的生长、繁殖与环境和气候条件关系密切，古代生物也是同样。因此，化石就成为沉积岩层中指示当时环境特征的可靠依据了。

珊瑚礁化石

比如，在石灰岩地层中发现珊瑚化石，就知道当时这里是海域环境；如果珊瑚、藻类丛生，还有软体动物、腕足动物及其他底栖生物化石，就可以断定这是古代海洋中的生物礁环境，并推测当时当地是处于热带或亚热带的浅水海洋环境中。如果发现大量树木化石，则可以认为当时这里是森林；如果植物化石中棕榈、樟树等较为集中，说明当时是热带、亚热带地区；如果有大量的冷杉、云杉等则说明当时这里是北温带或寒带区域。

如此类推，从地层中发现不同种类、特征的化石就可以大致推断当时当地的地理、气候和环境等。除此以外，从不同时期的岩石中所存在的化石种类，还显示出生物的演化是遵循着从低级到高级、从原始到复杂的规律，而且其进化过程又显示出阶段性。

岩层中的印记

我们在观察岩石和其中保存的化石时，会发现岩石的颜色、厚薄、矿物成分、颗粒粗细、滚圆度和层面上的某些特殊标志等，都跟化石的有无、某类化石的集中、某类化石的稀少，乃至化石的埋藏形态等均有密切关系。同时，岩石的颜色、结构、构造特点本身也常常可以反映出当时的气候和环境。

页 岩

岩石是由矿物组成的，而矿物是由各种化学元素构成的，因此岩石的颜色本应由矿物和元素化合以后反映出来的颜色决定的。但情况往往不是这样，比如砂岩的主要成分是石英，而石英本身是无色透明的，但多数石英的成分不纯，所以呈浅灰色的也很多。如果是纯净的砂岩，也应具有相同的颜色。但事实上，不少砂岩发黄、发红，甚至呈紫色，有些则是灰绿色。这是什么原因造成的呢？原来砂岩内含有相当多的铁质，铁在潮湿而暖热的气候环境中容易发生氧化，出现红色的铁锈；如果铁质含量较少，氧化又不充分，就显示出黄色或黄红色；如果铁质含量高，氧化又充分，那么整片的砂岩都会变红了。

这样的话，我们看到红色的砂岩、页岩或者其他岩层，就有理由推测形成这些岩石时的气候环境应属湿热了；如岩层呈黄色，也许是属于干燥的气候环境；如果岩层中夹着高铝质的"硬盘"，则说明当时炎热多雨。

同时，还应该注意沉积岩的结构和构造所反映出来的古环境特点。比如从岩石矿物的粒度、颗粒的形态，地层内砾石排列的方向、波痕、层理、泥裂、雨痕等这些保存在沉积岩内部或表面的特征，都可以对当时环境、气候等的了解有相当大的帮助。

另外还有一些特殊的岩石（如蒸发岩和冰碛岩）与矿物，它们的一些特征，同样能反映当时的气候和环境。

沧海桑田说地貌

地球原始地壳自从形成以来，从来没有停止过大规模的地质构造形态的运动。地球的地貌可以明显地分为两大部分，即大陆和大洋盆地。大陆是地球表面上的高地，大洋盆地是相对低洼的区域，它为巨量的海水所充填。大陆和大洋盆地共同构成了地球地貌的基本组成部分。地球内部系统活动引起地壳变动、地震和火山活动；地球外部系统活动，最直观的表现就是与大气运动、地表水流等紧密联系的水循环。同时，生物也一刻不停地对地球表层进行着改造。在这些内部或者外部的用下，地球形成了千姿百态的地貌特征。可以肯定地说，现在地球上大洋和陆地的形态就是过去数十亿年来大规模地壳运动的结果。

地壳的演化

目前世界上最古老的岩石分布区是了解地壳早期面貌的物质基础。这些古老的岩石分布的面积相当有限，大致在南非、波罗的海沿岸、澳大利亚西部、西伯利亚、中国华北、北美大湖区等地。它们组成陆地的核心，从地壳构造角度看，称之为地盾；也有人认为这就是最早的板块，称为陆核。它表示地壳最稳定的部位。这些陆核或地盾上的岩石，几乎全由基性、超基性火山岩、酸性花岗岩类以及深度变质的沉积岩组成。

地球的历史约为46亿年，从地球的诞生到岩石圈、水圈、生物圈和大气圈的形成，用了约8亿年的时间；从生物大量的出现至今，大约历时5.7亿年。在此两段时间之间，还有32.3亿年，这段时间根据生物演化特点，又分

为太古代和元古代2个时期，合称前寒武纪。

太古代的陆壳增长大致通过3个时期的地壳运动来实现。①第一次约发生在距今35亿年前，在西伯利亚的阿尔丹地盾和阿纳巴尔地盾上发生，构成世界上最早的稳定地块。②第二次地壳运动的时间发生在31亿～29亿年前，见于波罗的海沿岸、澳大利亚西部、北美大湖区及南非等地。③第三次地壳运动发生在距今25亿年前后，这是一次颇为强烈、影响很大的地壳运动，并使当时有限的沉积岩层发生变质作用。中国的冀东、辽东都深受影响，构成中国最古老岩石的所在地。通过这次运动，地球的历史已进入到25亿年前，也宣告太古代的结束。

进入元古代，虽然前期形成的古陆核仍继续存在，但面积还很小，而且彼此之间呈分离状态，像海洋中孤立的岛屿。构成"岛屿"的古陆核虽然开始处于稳定的地壳环境中，但构成"海洋"的其他地壳却仍是活动性很强，只是比太古代时有些减弱。到了距今20亿年前后，出现了一次遍及全球的造山运动，比较大面积的稳定区出现了，地壳上强烈的火山运动也暂告一段落。在中元古和晚元古代时期，由于地幔的热力运动使它产生顶托与拉张作用。大陆地壳不断增厚，地壳运动以板块方式进行，发生分裂、漂移、并接等现象。太古代的陆核经过早元古代的造山运动使之扩大，有些还相互连接起来。

在距今14亿～8亿年前这段时间里，世界各地在不同时段内，发生过一些规模不同的地壳运动，随后趋向稳定。至此，自地球形成以来的强烈地壳运动终于告一段落。

地质年代

地球46亿年历史可分为3大阶段。①天文时期：46亿～35亿年，根据行星地质学推论，地球上基本未保留这一时期的地质体。②隐生宙时期：35亿～6亿年，这一时期地质体在部分地区有保留，已有原始生命出现。③显生宙时期：6亿年至今，此期地质体遍布全球，研究较深入。

地球从形成、演化发展46亿年来，留下了一部内容丰富的大自然的巨大史册，这就是各时代的地层。地质年代的划分是研究地球演化、了解各处地层所经历的时间和变化的前提。1881年，国际地质学会正式通过了至今通用的地层划分表，以后又不断进行修订、完善，形成了一张系统完整的地质年代表。

地质年代表

代	纪		距今年代（亿年）	生物发展阶段	
				动物界	植物界
新生代	第四纪		0.02~0.03	人类时代	被子植物时代
	第三纪	晚第三纪	0.25	哺乳动物时代	
		早第三纪	0.7		
中生代	白垩纪		1.4	爬行动物时代	裸子植物时代
	侏罗纪		1.95		
	三叠纪		2.5		
古生代	二叠纪		2.85	两栖动物时代	陆上孢子植物时代
	石炭纪		3.3		
	泥盆纪		4.0	鱼类时代	
	志留纪		4.4	海生无脊椎动物时代	海生藻类时代
	奥陶纪		5.2		
	寒武纪		6.0		
元古代	震旦纪		9.0	动物孕育、萌芽发展的初期阶段	
	南华纪		25.0		

地质学家常用放射性同位素测定法和古生物学 2 种方法来划分不同地质年代的地层。①用放射性同位素测定的地层或岩石的年代，是地层或岩石的真实年龄，称为绝对地质年代；②用古生物学方法测定的年代，只反映地层的早晚顺序和先后阶段，不说明具体时间，称为相对地质年代。把两种方法结合起来，就能更准确地反映地壳的演变历史。

地质学家把地层分为 6 个阶段：远太古代、太古代、元古代、古生代、中生代和新生代。其中远太古代、太古代和元古代为地球的发展初期阶段，距今时间最远，经历时间也最长，当时的生物仅处于发生和孕育时期。进入古生代时，海洋里的生物已经相当多了，无论是植物还是动物都开始由低级向高级阶段进化。到了中生代和新生代，像恐龙、始祖鸟、鱼龙、古象等大型动物相继出现，地球生物界出现了空前的繁荣。

为了深入揭示各地质年代中地层和生物界的特征，地质学家又在"代"

的下面划分出许多次一级的地质时代。如古生代自老到新可分为6个纪：寒武纪、奥陶纪、志留纪、泥盆纪、石炭纪和二叠纪。中生代分为三叠纪、侏罗纪和白垩纪。新生代分为第三纪和第四纪。这些"纪"的名称听起来很古怪，但都各有各的来历。例如，在英国的威尔士地区，古时候曾居住过两个名叫"奥陶"和"志留"的民族，于是地质学家便把在这儿发现的两套标准地层称为"奥陶纪"和"志留纪"地层。又如，在德国和瑞士交界处的侏罗山里发现了另一种标准地层，就取名为"侏罗纪"地层。而"石炭纪"和"白垩纪"，则表明地层中含有丰富的煤层和白垩土，等等。

三次大冰期

大冰期是指在地球历史中发生的全球范围的气温剧烈下降、冰川大面积覆盖大陆，地球处于非常寒冷的时期。

在地球的历史上，曾发生过距今较近的3次大冰期，即震旦纪大冰期、石炭—二叠纪大冰期和第四纪大冰期。

震旦纪大冰期约出现在距今7亿~9.5亿年以前，当时地球上的许多地方都覆盖着厚厚的冰层，最厚的冰层达几百米甚至上千米。从西伯利亚到我国北方和长江中下游，从西北欧到非洲，从北美到澳大利亚南部，几乎到处都是白茫茫的雪原和林立的冰山。

石炭—二叠纪大冰期约出现在距今2亿多年以前。这次大冰期主要影响南半球的澳大利亚、南美洲和非洲等地。现在的南美和非洲的一些地方，还可看到当年冰川活动留下的痕迹。

第四纪大冰期是距今最近的一次大冰期，约出现在200万年前。这次冰期的情况比较复杂，除了冰期持续时间长外，在大冰期中还出现了温度相对较高的温暖期，称为间冰期。据地质学家研究，在整个第四纪中曾出现过4次寒冷的冰河期和3次温暖的间冰期。在寒冷的冰河期中，即使在赤道非洲的许多高山上，都有规模很大的冰川活动。当时我国的长江流域和西南地区山地也有冰川活动。当冰河期结束后，间冰期开始了，这时整个地球气温回升，冰雪慢慢消融，巨大的冰川逐渐向北撤退，中低纬度的植物重新泛起新绿，树林中的各种动物也开始活跃起来了。

冰川是冰河期的产物。冰川有2种形式：①大陆冰川，②山岳冰川。我们现代所能看到的大陆冰川有南极冰川和格陵兰冰川，而我们能看到的山岳冰川却很少。现在，地球中高纬度的高山地区仍发育着第四纪冰川。冰川以它巨大的能量塑造了独特的冰川地貌景观。山岳冰川地貌有角峰、刃脊、冰斗等类型。

冰　川

在中国庐山东面 9 千米远的一个小山坡上，有一块圆滚滚的大石头耸立在路边，人们都把它称作"猪婆石"。为什么会有这样一块和当地的岩石性质完全不一样的大石头在这里出现呢？

庐　山

我国著名的地质学家李四光来到这里，仔细观察了以后，认为这是古代的冰川带来的。他在附近的鄱阳湖边一个名叫鞋山的小岛上，也发现了许多同样的由冰川带来的漂砾，察觉它们多半都是来自庐山山顶的一种特殊的砂岩。由于距离庐山很远，不可能是顺着山坡滚落下来的，又没有河道相通，也不像是洪水冲来的。其中有的周身还有许多刻画得很深、互相纵横交错的刻痕，每一条擦痕都是一头比较深，像是铁钉的钉头，另一头又尖又浅，像是老鼠的尾巴，李四光在分析后认为这是夹藏在冰川里的许多锋锐的石块互相刻画以后所留下的特殊痕迹，这些大石头只能是古代的冰川从庐山顶上搬运来的。

李四光还在山上发现了一些古代积聚冰雪的洼地——冰斗，它和经过古代冰川的强烈磨蚀作用而变得开阔了的形如 U 字的谷地——U 谷。U 谷两侧的崖壁和鄱阳湖边的许多光溜溜的石面上都有冰川刻画的擦痕，U 谷内和山外平原上还有许多冰川堆积的夹杂着黏土的砾石等。所有的这一切，都肯定了这儿曾经有过古冰川活动。

我国西部山区的现代冰川的雪线有5000米高，而庐山只有1543米。这儿是一个美丽的风景区，山上长满了挺拔的黄山松，半山上还有许多亚热带林木。远远望去，一片葱葱茏茏，这一切看上去都很难理解当初怎么会有冰川发生呢？

原来，在第四纪期间，整个世界上的气候曾经有过十分剧烈的变化，先后有四五次特别寒冷的阶段。当时，不仅两极高纬地区的冰盖扩大，高山上的雪线逐渐降低，就是在中纬地区的一些不太高的山地上，有的也有冰川发生。我国第四纪地质工作者曾作过研究，在长江下游的温度比西部地区的同样高的山上寒冷一些，冬季降水量多一些，这样便很容易积聚冰雪。所以在第四纪冰期时，雪线可以下降得比西部更低，就在庐山便生成了古冰川。根据不同的风化程度的冰川泥砾和别的证据，李四光在庐山划分出鄱阳、大姑和庐山3个冰期。

当时，有的外国学者认为我国东部地区没有第四纪古冰川发生，李四光在庐山和别的一些地方发现了确凿不移的古冰川遗迹。因此，对研究第四纪以来的地质历史做出了重大的贡献。

地壳变迁的原因

整个地球的历史，可以说是地壳运动的演变史。造山运动是地壳运动的主要表现之一。"世界屋脊"喜马拉雅山脉，连同世界第一高峰——珠穆朗玛峰（海拔8848.13米），曾经就是汪洋大海。为什么大海会变成高山？科学家已经为我们找到了比较满意的答案。

珠穆朗玛峰

1960年5月，中国登山队第一次从北坡登上了珠穆朗玛峰，并在珠峰的沉积层中发现了大批古生物化石，其中有代表海洋环境下生长的菊石类、鱼龙等化石。这些化石是1亿年前的中生代形成的。1975年，中国登山队再次在顶峰附近的岩层中发现了四五亿年前的古生代奥陶纪的海生动物化石，如三叶虫、海百合、腕足类等。这就清楚地证明：喜马拉雅山地区在很早很早以前是一片汪洋。

是什么力量使茫茫古海会变成巍峨高山？科学家提出一种假设，认为地球上的岩石层并不是一个大整块，而是分成好些大块，地质学家称它为"板块"。这些板块就像悬浮在地幔软流层上的"木筏"，是会漂移的。按照这种学说，亚洲大陆是一个大板块，南亚次大陆又是另一个大板块。在离现在大约3000万年以前，由于南面印度洋下面软流层的活动，引起了洋底扩张，使南亚次大陆板块逐渐向北移动，最后与亚洲大陆板块相撞。恰恰在这两大板块之间的喜马拉雅古海受到两面夹击，猛然被挤，就这样被抬升起来，沧海变成了高山。在地质历史上，地壳的这次异常强烈的造山运动，就叫喜马拉雅运动。有趣的是，雄伟挺拔的喜马拉雅山至今仍在缓缓上升呢！

地壳的这种巨大海陆变迁，不仅仅局限于喜马拉雅山一带，在欧洲的阿尔卑斯山地区以及许多其他地方，都可找到这种历史巨变的痕迹。例如，发生在中生代的2次大的地壳运动——印支运动和燕山运动，就对我国大陆和亚洲东部地壳发生巨大影响。在两次地壳运动后，我国四川、云南以东原来被汪洋大海所淹没的地区，全部从海底隆起成为大陆，从此结束了我国南海北陆的局面，使南北陆地连成一片。强烈的燕山运动使我国的昆仑山、天山、祁连山、大兴安岭及太行山等山脉相继崛起；辽阔的华北平原、松辽平原、江汉平原等也相继形成了。

地壳运动除大型造山运动外，还有地震、火山爆发等，它们都是地壳运动的表现形式。

 知识点

燕山运动

燕山运动，侏罗纪和白垩纪期间中国广泛发生的地壳运动。从一亿三四千万年前开始，到7000万年前左右，在我国许多地区，地壳因为受到强有力的挤压，褶皱隆起，成为绵亘的山脉，北京附近的燕山，是典型的代表。科学家把出现在这个时期的强烈的地壳运动，总的叫做燕山运动。

海陆构造的奥秘

古陆的萌生

在地质过程中，地壳的行为主要由地球上部力场决定。所谓上部力场，表现为地球形状变化带来的两极压缩力、地球自转变化带来的惯性力和地球半径变化带来的侧向作用力。尽管这些变化的量不大，但对地球内部的力平衡的破坏则是相当明显的。

在地球形成之初，作为一个旋转着的长椭球的地球，在其逐渐变扁的过程中，来自两极的挤压力在南、北纬45°左右最强，其强度可达重力的1/10，是它今日之值的100倍。虽然这种压缩力会随着时间的增长而变小，即使在20亿年前它也是现在值的10倍，它在18亿年前的作用比其后强得多，并且由于那时地球内部热能积累尚不十分高，推动地质运动的主要是这种两极挤压力。

地球自转产生的离心惯性力和纬向惯性力，不仅有区域性特征，而且有时间上交替变化的特点。在7亿年以前，离心惯性力一直是赤道向两极的，并且也发育在南、北纬45°附近；而纬向惯性力则一直是向西的。

两极压力和自转惯性力所形成的地球上部力场，是萌生古陆的驱动力。2个南北向力场、两极挤压力和离心惯性力，在南、北纬45°附近交汇，造成原始地球表面发生变化的特殊区域。纬向惯性力比较复杂，虽然方向向西，但升高半球与降低半球有差别，总的效果是升高半球的向西力大于降低半球的向西力。在这样的力场作用下，在7亿年以前的漫长地质史中，升高半球可能形成一个两向的牛轭形古陆，其北翼在北纬45°附近，南翼在南纬45°附近，两端跨赤道连接南北翼，在这牛轭形古陆之间是古海洋，降低半球的部分也是古海洋，但其中可能萌生一小块古陆——太平洋古陆。也就是说，形成地球的一半为大陆，陆中有洋；另一半为海洋，洋中有陆。这是一个对称的格局。

由于地球胀缩的交替发生，原始古陆经过古大西洋开闭过程而过渡到联合古陆，然后又破裂解体，冈瓦纳和劳亚以相反的方向旋转，直至南、北美洲向西漂移而重开大西洋。具体过程按时段分述如下：在前7亿~前5亿年间，地球收缩，自转加速，水平作用力向南向西期中，古大陆在前6.5亿年张开而形成大西洋，靠北极的澳大利亚向赤道漂移。在前5亿~前3亿年间，地球膨胀，自转减速，水平作用力向极向西期中，前4亿年古大西洋闭合，形成联合古陆，已越过赤道的澳大利亚向南极漂移。在前2.8亿~前1亿年间，地球收缩，自转加速，水平作用力向赤向东期中，联合古陆解体，冈瓦纳部分逆时针旋转、劳亚部分顺时针旋转各约20°，印度由南半球向赤道漂移。1亿年以来，地球膨胀，自转减速，水平作用力向极向西期中，南、北美洲向西运动，重新张开大西洋，已越过赤道的印度向北漂移。板块运动的总体方向和海陆分布的大格局就这样由地球上部的力场造就了。

海陆构造的变迁

关于海陆变迁莫过于柏拉图记载的"大西洲神秘消亡"的传说令人刻骨铭心了。他在《蒂迈欧》和《克里蒂亚斯》两篇对话中，介绍了梭伦游历埃及记事中一段迷人的故事。埃及的一位祭司告诉梭伦说，在海格立斯（今直布罗陀）之外的滔天大洋中，一个名为亚特兰提斯的大陆及其上的繁荣的大帝国，在距今11500年前的某个时候突然消亡了。柏拉图把它叫做大西洲，并说它的面积比非洲的一部分和整个亚洲加起来还要大，从它可到达的彼岸为大洋环抱的大陆。柏拉图把大西洲描写成地球上的伊甸园，其上强大的亚特兰提斯王国有12个属国。对这个传说的研究几乎形成了一门学问——亚特兰提斯学。

亚特兰提斯之谜虽至今未有定论，但这个谜本身提出的是海陆变迁的问题。

人类对局部海水进退的认识较早，唐代的颜真卿曾根据今江西南城县麻姑山有蚌壳认为"高山石中犹有螺蚌壳，或以为桑田所变"。但对全球海陆结构格局的真实了解则是16世纪初环球航海以后的事，而对于人类所见的这种海陆格局是如何演变而来的思考还要晚一二百年，直至20世纪初大陆漂移说的提出及20世纪60年代海底扩张说和板块结构理论的提出，才算有了真正解决它的明确目标。

海陆变迁按运动方向可分为水平运动和垂直运动。①水平运动指组成地壳的岩层，沿平行于地球表面方向的运动。也称造山运动或褶皱运动。该种

运动常常可以形成巨大的褶皱山系，以及巨形凹陷、岛弧、海沟等。②垂直运动，又称升降运动、造陆运动，它使岩层表现为隆起和相邻区的下降，可形成高原、断块山及坳陷、盆地和平原，还可引起海侵和海退，使海陆变迁。地壳运动控制着地球表面的海陆分布，影响各种地质作用的发生和发展，形成各种构造形态，改变岩层的原始状态，所以有人也把地壳运动称构造运动。按运动规律来讲，地壳运动以水平运动为主，有些升降运动是水平运动派生出来的一种现象。

地壳运动按运动的速度可分为2类：①长期缓慢的构造运动。例如大陆和海洋的形成，古大陆的分裂和漂移，形成山脉和盆地的造山运动，以及地球自转速率和地球扁率的长期变化等，它们经历的时间尺度以百万年计。例如冰期消失、地面冰块融化引起的地面升降，也属以万年计的缓慢运动。②较快速的运动。这种运动以年或小时为计算单位，如地极的张德勒摆动，能引起地壳的微小变形；日、月引潮力不但造成海水涨落，也使固体地球部分形成固体潮，一昼夜地面最大可有几十厘米的起伏；较大的地震可引起地球自由振荡，它既有径向的振动，也有切向的扭转振动。

贝类化石

传统地质学最早发现了地球表层的垂直升降运动，证据是在高山上发现海相的沉积岩，并且有海中特有的贝类化石。这表明某些大陆地区的地壳在过去的地质年代中曾经是海洋。地质学中有所谓海进和海退之说，表明局部地壳是有升降变化的。但是传统地质学否认地球表层曾有过大尺度的水平运动。

20世纪60年代以后总结了一系列的地学研究成果，证明地球表层在地球的历史中曾经有过大规模的水平位移，各大陆的相对位置曾有过显著的变化。最主要的证据是：全球地震带勾画出6大板块的轮廓，证明地球表层的岩石圈不是完整的一块。古地磁学的研究表明，由各大陆岩石磁性所得到的古地磁极位置不相重合，而根据各大陆不同地质年代的岩石磁性所绘制的极移曲线，在近代趋向重合于今地磁极位置。大洋中脊两侧的磁异常条带，表明海底地壳在不断从中脊向两侧扩张，各板块所负载的大陆岩石圈随之发生水平漂移。

地壳运动的动力源是上述起作用的各种力的综合，在地球的脉动中，基本上都得以体现，表现为地球上部的力场导引下的地球内部的平衡移动。蒋志的《地质体运动理论及其应用》（1995 年）在这种思路下描述了当今地球的海陆结构的形成过程。

褶皱运动

褶皱运动，是指使岩层和面理发生反复褶皱的构造运动。在地壳强烈活动的地槽区，水平挤压产生的褶皱运动，导致线性褶皱带形成；在地壳相对稳定的地台区，褶皱运动常形成穹窿、长垣和排列不规则的开阔褶皱。

海陆变迁的学说

大陆漂移说

我们的地球有两个差别最显著的地形，这就是大陆和海洋。其中大陆占地球表面积约 29%，海洋则占 71% 左右。那么，地球上的大陆是从哪儿来的呢？也就是说，地球为什么会有海陆之分？

大多数人认为，地球在形成的初期，各地的高度基本上差不多，没有明显的海陆之分。而且由于早期的地球相对比较炽热，因此，它只有一层薄薄的外壳，在壳层的外面是一层覆盖全球的水层。也就是说，那时的地球有着一个遍布全球的海洋。

后来，随着时间的推移，地球不断地冷却，并且引起一定程度的收缩。而收缩的结果，便使地球表面产生了凹凸，这就像干缩了的苹果，表面会出现凹凸不平的褶皱。收缩还会使本来并不坚固的硬壳发生破裂。于是，地球内部熔融的岩浆便沿着裂缝喷涌而出。天长日久，这些喷发出来的岩浆越堆越高，终于成为高出原始海洋的火山岛。根据目前已知的最古老岩石的分布，

最初的陆岛大概分布在今天的澳洲西部、格陵兰西部和非洲南部等地。

陆岛出现后，导致风化、侵蚀作用的加剧。那些被风化、侵蚀下来的碎屑物质，被搬运到陆岛的周围沉积下来，形成早期的沉积层。后来随着地壳的演变，沧海变为桑田。这些早期的沉积层也被抬升出海面，使陆岛面积不断得到扩大。其中一些相邻不远的陆岛，由于不断扩大，最终拼接成一块较大的陆地。

当然，陆地的形成并不都是朝着由小而大的方向发展的。有些较大的陆地，有时也会因地球的演变而碎裂成若干小块。有些甚至因受到巨大陨石的猛烈轰击，转化成为一个深陷的凹坑，重新被海水淹没。

特别是板块运动发生以后，陆地和陆地之间会因漂移、碰撞而连接成为一体，如印度次大陆，就是通过这样的作用和亚洲大陆拼接在一起的。相反，有的大陆也会因破裂、漂移而演变成今天这个样子。

应该指出的是，上面关于大陆形成的观点，并不是唯一的用于解释大陆起源的理论。随着人类宇宙探测活动的开展，现在人们从其他天体的地质现象获得了许多新的启示。特别是从宇宙天体中广泛存在的巨大陨石坑来看，使有些研究者不禁认为：也许海陆的形成并不像前面那样说的，海洋是原始的，大陆是后生的；而更有可能的是大陆原来就有的，海洋则是由巨大陨石撞击后形成的陨石坑而发展来的。

德国科学家魏格纳通过观察地图发现，非洲大陆、美洲大陆轮廓非常相似，几乎可以拼合起来，由此产生一个大胆的假想：地球上原先可能是一整块陆地，后来被"撕裂"才"漂移"到现在的位置。这一提法引出海陆变迁研究热潮。

大陆漂移学说是解释地壳运动、海陆分布及其演变规律的观点。第一次全面、系统地论述大

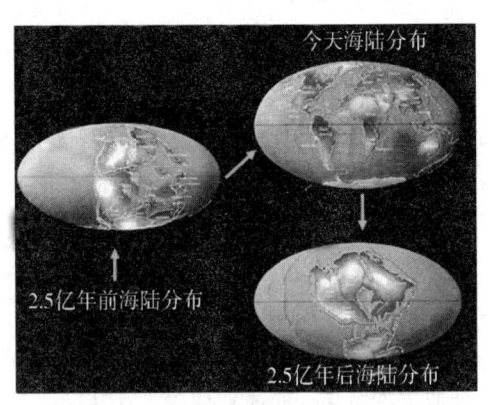

大陆漂移说

陆漂移假说的是德国气象学家和地球物理学家魏格纳。魏格纳认为：较轻的硅铝质大陆块就像一座冰山浮在较重的硅镁层之上，并在其上发生漂移；全

世界的大陆在古生代晚期曾连接成一体，称为"联合古大陆"或"泛大陆"，围绕其周围的广阔海洋称为"泛大洋"。然而由于某种作用力的影响，自中生代开始，泛大陆逐渐破裂、分离、漂移，形成现代海陆分布的格局。

培根在其著作《新工具》（1620 年）中就曾认为这不会是巧合。在追寻原因的过程中，宗教神秘的影响一度盛行。普莱斯特主张美洲与欧洲和非洲曾经是连在一起的，诺亚时期的大洪水使其裂开。德国地理学家洪堡认为，大西洋原是一条大河谷，诺亚方舟就航行其上。

19 世纪中叶以来，对这个问题的思考就不再是笼统而神秘的了。地质学家斯奈德在其著作《地球形状及其奥秘》中，第一次用地质资料，即植物化石的相似性，论证两岸曾经连在一起，并绘出第一张大西洋周围大陆的复原图。因为这些化石是 3 亿年前的，这意味着大西洋东西两大陆在 3 亿年前还是合在一起的。

由于从地理分布上看，大部分大陆和大洋是对称的，格林认为理想的古陆应分布在四面体的四个角上，于是设想了一个地球古大陆四角分布的假说（1875 年）。

在 19 世纪末，地质学界对南半球各大陆之间的关系进行了广泛的讨论。地质学家休斯（1831～1914）在其著作《地球面貌》（1885～1909 年）中，根据南半球大陆的岩层和生物化石的相似性，设想它们原为统一的大陆，称之为冈瓦纳大陆。这样就产生了大陆漂移的思想，泰勒（1860～1938 年）在其论文《第三纪山带对地壳起源的意义》（1910 年）中提出大陆漂移的观点。这种大西洋两岸的可拼合性，也为贝克（H. B. Baker）注意，他在 1911～1928 年间发表了一系列论文，用大西洋两岸山脉构造可拼接起来的事实，论证大陆曾经发生过漂移，并绘出大陆拼合图。

对大陆漂移作出深刻而又详细论证的是魏格纳（1880～1936），他先发表了他的 2 次讲演《根据地球物理学论地壳（大陆和海洋）的形成》（1912 年）和《大陆的水平位移》（1912 年），后来出版著作《海陆的起源》（1915 年），1920 年及 1922 年两次修订，系统地论述了他那著名的"大陆漂移说"。他运用取自地球物理学、地质学、古生物学、古气候学以及大地测量学等各方面的论据，详细论述了他设想的大陆漂移过程。在魏格纳看来，大陆漂移的大格局是"大陆块移向赤道和向西漂移"，并且认为其动力"可以归结为两种分力"。

魏格纳在其 1912 年的论文中，设想全球的大陆曾经都连在一起，称之为

"联合古陆",是一个单一的巨大陆块。但他在标明边界时,把这一古大陆的很多部位标为浅海。他对这一联合古陆的成因也作了一些推测。在这种思想的指导下,他给出了联合古陆破裂、漂移过程的图示。

魏格纳的"大陆漂移说"虽然有其信徒,但由于证据不完善,特别是漂移动因的不可靠而未被大多数研究者接受,甚至被认为是不可思议的设想,而作为神话故事看待。在大陆漂移说的这种境遇下,杜托特(1878~1948)的著作《我们漂移的大陆》(1937年)的出版是一个重要的例外。他把目前的大陆综括为2大类,提出"两个原始大陆"的设想。杜托特认为这两个古大陆原在两极处形成。以后逐渐破裂,并可能生长,一部分漂移到现在大陆块的位置,并以图标示其设想。在南极的古陆他沿用休斯的名称,称为冈瓦纳古陆;在北极的古陆,他称之为劳亚古陆。冈瓦纳古陆包括现今的南美洲、非洲、阿拉伯半岛、斯里兰卡岛、印度半岛、南极洲、澳大利亚和新西兰。劳亚古陆是亚洲和北美洲的联合体,由几个古老的陆块合并而成,它们包括北美陆块、古欧陆块、古西伯利亚陆块和中国陆块,由活动的海槽和大洋分隔,经靠拢碰撞连接成一个整体。

海底扩张说

20世纪60年代初,美国地质学家赫斯和迪茨首先提出了海底扩张学说。这一学说认为:大洋中脊轴部是地幔物质上升的涌出口,这些上升的地幔物质冷凝形成新的洋壳,并推动先形成的洋底逐渐向两侧对称扩张;随着热地幔物质源不断地上升,先形成的老洋底也就不停地向大洋两边推移,并以每年几厘米的速度扩张。

由于洋底地质探查获得的资料,对大陆漂移提供了新的认识而提出海底扩张说。

洋底勘察表明三大洋都存在近南北向的洋中脊,而且普遍存在近东西走向的切断洋脊并显著错移开的转换断层,还有大洋边缘的海沟。海洋资料还表明洋壳与陆壳的明显差异,洋壳厚度一般在50~70千米,而陆壳则一般厚100~140千米,并且洋壳远比陆壳年轻,主要是第三纪和第四纪的岩山,即形成时间不足1亿年。

根据这些经验资料,20世纪60年代以来,人们倾向认为,大洋中脊轴下面曾经发生过大量岩浆上涌而形成新洋壳,并向中脊两侧扩张。这可以得出海底扩张推动大陆漂移的结论。

"海底扩张"这一术语是迪茨在其论文扩张说的首创者，因为正是他的论文《大洋盆地的历史》（1962年）引起人们对该学说的重视。

赫斯主张，海底沿洋中脊的顶部张裂开，新的海底在这里形成，并向洋脊顶的两侧扩张，大陆不是作为独立体系运动的，而是与海底连在一起并

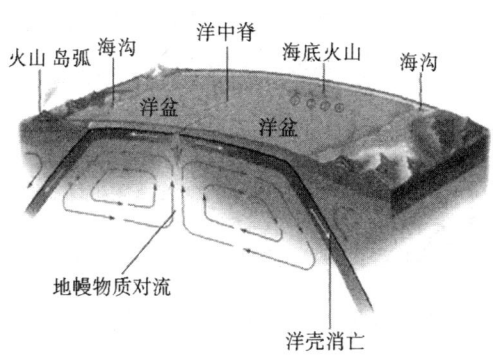

海底扩张说

随其一起在软流圈上运动。迪茨与霍尔登合作，依海底扩张和板块运动解释2亿年前的联合古陆及其解体移动过程时（1970年），给出新的图示。

板块构造学说

板块构造学说是当代最有影响的全球构造理论，它归纳了大陆漂移学说和海底扩张学说所取得的重要成果，其基本思想是：地球上部的刚性岩石圈在下垫的塑性软流层上做大规模漂浮；刚性的岩石圈又分为若干大小不一的板块；板块内部是相对稳定的，而边缘则是强烈的构造活动地带；板块之间的相互作用从根本上控制着各种地质作用的过程，同时也决定了全球岩石圈运动和演化的基本格局。

板块构造学说把地球分成了6大板块：太平洋板块、欧亚板块、非洲板块、美洲板块、南极洲板块和印度—澳大利亚板块。此后，在上述六大板块的基础上，人们将原来的美洲板块进一步划分为南美板块、北美板块及两者之间的加勒比板块；在原来的太平洋板块西侧划分出菲律宾板块；在非洲板块东北部划分出阿拉伯板块；在东太平洋中隆以东与秘鲁—智利海沟及中美洲之间（原属南极洲板块）划分出纳兹卡板块和可可板块。

板块运动机制是引起板块运动的原因，但这一机制始终是尚未解决的难题。一般认为，板块运动的驱动力来自地球内部，可能由地幔中的物质对流引起。新生的洋壳不断离开大洋中脊向两侧扩张，在海沟处，大部分洋壳变冷变致密，沿板块俯冲带潜没于地幔之中。但由于地幔对流学说仍存在许多

无法说明的疑问，因此有些人不赞成将地幔对流当做板块运动的驱动机制。总体而言，板块构造学深刻地解释了地震、火山、地磁、岩浆活动、造山运动等地质作用和现象，阐明了全球性的大洋中脊、裂谷系、大陆漂移、洋壳起源等重大问题，更新了地质学中的许多概念，是地球科学领域中的一场革命。

位于中国西南边界处、青藏高原南部边缘的喜马拉雅山脉是现在世界上最高的山脉，其平均海拔高度超过 6000 米，且每年仍在以几至十几毫米的速度上升着。其主峰珠穆朗玛峰位于中国和尼泊尔两国边界上，根据 2005 年 5 月测量的最新数据，海拔高度为 8844.43 米。

中国有个成语叫"沧海桑田"，它反映了地球表面形态发生的巨大变化，反映了海洋和陆地这两种状态之间的相互转换，而这种变化在喜马拉雅山脉地区就表现得非常典型。

按照板块构造学说的理论，喜马拉雅山脉的形成是板块之间碰撞、挤压的结果。远古时代，青藏高原地区曾经被浩瀚的古地中海所覆盖。在地质历史年代的第三纪早期（距今约 7000 万年前），南方来的印度洋板块向北，与我们所在的亚欧板块相撞，碰到了一起。两者的相互挤压，使这里的地壳开始向上抬升，海水逐渐向西退去。海洋逐渐消失，陆地逐渐形成。岁月如梭，两个板块的相互挤压和碰撞虽然缓慢，但却持续不断地进行着。

到了第三纪晚期（距今约 300 万年前），发生了地质历史上的一次较大规模的地壳运动，叫做喜马拉雅运动。印度洋板块从雅鲁藏布江一线附近处向亚欧板块下俯冲。在此过程中，强大的挤压作用使亚欧板块一侧发生较大面积的整体抬升，大致就形成了今天我们所看到的"世界屋脊"——青藏高原。高原上部的岩层在挤压力的作用下，弯曲、重叠，向上隆起，形成了高大的喜马拉雅山脉及其他高原上众多的山脉。

1964 年，我国的登山队员在喜马拉雅山脉希夏邦马峰山麓海拔 4300 米的地方，发现了身长超过 10 米，世界上最大的鱼龙化石。这证明今天白雪皑皑、雄伟多姿的喜马拉雅山一带，曾经是东西横亘、波涛万顷的古地中海的一部分。

有科学事实证明，喜马拉雅山从一片汪洋横空出世以后，一直在不断地上升，然而成为今天的世界屋脊却是在最近 1 万~2 万年地壳运动的结果。科学家认为这里的上升速度是 1 亿年以来为 0.04 厘米/年，50 万年以来为 0.2

厘米/年，10 万年以来为 1 ~ 1.5 厘米/年，7000 年以来达到 4 ~ 7 厘米/年。有人根据印度板块的漂移速度计算出喜马拉雅山目前正在以 1 ~ 2 厘米/年的速度上升着。建国后，我国测量工作者在西藏高原东部进行过重复水准测量，测得那里的上升速度为 0.5 ~ 1 厘米/年。科学家们断定，只要印度板的向北漂移俯冲运动不停止，喜马拉雅山的这种上升运动亦不会止息。

海陆变迁的原因

魏格纳提出"两种分力"，但并未找出这些力来自何方。这个问题是理论思考的核心问题，即地球动力学的主要问题。这些力被归纳为 3 个来源：①地球体积的胀缩，②地球内的地幔对流，③地球自转相关力。

地球体积变化力

地球收缩说是解决地壳运动动力来源的最早的假说。它可以追溯到 16 世纪的干瘪苹果的类比，自康德—拉普拉斯星云说提出以后，就以科学的形态出现了。波蒙第一个提出比较完整的地球收缩假说。他认为地球从太阳分离出来时是一个炽热的熔融体，表面冷却成固体地壳后，由于内部继续冷却使地壳失去支撑而塌陷，产生侧向压力，造成褶皱和坳陷。休斯在其《地球面貌》中也采取地球收缩说，以刚性地块推挤和压缩柔性地块说明褶皱山脉的形成。杰弗里斯把地球的收缩过程设想得更具体，认为地球收缩发生在地表下 70 ~ 700 千米深度的范围，使得 70 千米厚的地壳遭受挤压，发生褶皱。

地球膨胀的思想，培根在 1620 年就已提出。用地球膨胀解释大西洋两岸的相似性始于曼托瓦尼，他在 19 世纪末提出了这种观点。进入 20 世纪，林迪曼认为大西洋的形成是地球体积膨胀导致地壳拉张破裂的结果（1927 年）。希尔根伯格根据大陆可以拼合成一个球面，提出地球是从很小的体积急剧膨大而使表面张裂，逐渐分离成现在的各大陆块的（1933 年）。哈尔姆依据天体演化的观点，认为原始地球的密度很高，半径可能仅为 5430 千米，经不断膨胀才到今日的 6371 千米。埃吉德以水体总量不变为前提（1955 年），依据古地图计算各时期的大陆面积，推算出地球半径增长的速率为 0.24 毫米/年。凯里自 1958 年以来，通过排除后期变化，对大陆进行各种合并，复原漂移前

的形状，推论出原始地球的半径仅为今日地球半径的3/4。但另有一些研究表明，几亿年前的地球半径与今日地球半径的差别并不大。

虽然地球膨胀说的信奉者仍在研究，并为其论点辩护，但因其尚有许多疑问，而不为多数研究者接受。地球大规模膨胀的可能很值得怀疑，如果半径以2的因数增加，地球表面则以4的因数增加，体积则以8的因数增加，因而地球物质的密度当以8的因数减小，从现今的平均密度5.52克/厘米^3。回推过去，原始地球的密度当为44克/厘米^3，这样的高密度尚难解释。1968年，贝尔茨根据地球内部高压冲击波的资料，推断地球半径的变化不会超过100千米。

由于收缩说和膨胀说的种种困难，于是缩胀交替的脉动说被提出。布契尔在1933年提出地球的收缩和膨胀周期性地交替发生，在收缩期地壳受挤压产生褶皱，在膨胀期地壳受拉张产生裂谷。1936年，葛利普把地质史上古生代全球性的反复进行的海进和海退同地球的脉动联系起来考虑，得出地球的脉动周期与这个代的纪相当的结论。1943年，施奈德罗夫用地球脉动说解释全球大地构造的发展过程，认为每次地球收缩都比前次膨胀的幅度要小些，亦即地球是脉动地膨胀着的，并据此得出较大幅度的急剧膨胀使地壳受拉张作用而形成大洋，较小幅度的缓慢收缩使地壳受挤压作用而褶皱成山脉的结论。1950年，乌姆格罗夫把造山运动、岩浆活动、海进海退和生物演化等全球性循环都归因于地球脉动。1963年，沃德通过对古地磁资料的研究，计算出几亿年前地球半径的变化，与泥盆纪、二叠纪和三叠纪相应时的地球半径，分别为今日地球半径的1.12倍、0.94倍和0.99倍，似乎证明了地球的脉动。1982年，张伯声等把地球体积的胀缩同地球自转速度的变化联系起来，根据地球自转速度、地质演变期变慢，认为地球是脉动地收缩着的。

地幔对流力

作为地壳运动的动力来源之一，地幔对流早已被推测。虽然霍普金斯早在1839年就推断地壳下部存在物质对流，但把它作为地质动力提出来的是费希尔。费希尔在其著作《地壳物理学》（1881年）中用地幔对流解释火山和造山的尝试，曾一度被认为是无稽之谈而被忽视。霍姆斯首次用地幔对流解释大陆漂移的理论（1928年）也未引起重视。1935年，皮克里斯建立了对流模式，以上升流动解释大陆的生成，以下降流动解释大洋的生成，并认为只要大陆自动保持比大洋热些，地幔对流就将持久维持下去。皮克里斯的工作引来了格里格斯、迈纳兹和钱德雷斯卡等后继者。到20世纪60年代，作为海底扩张和板块运动的主要动力机制，地幔对流说得以进一步发展，各种地幔对流模式相继提出，先是"深地幔对流模式"居主导，后来为"浅地幔对流模式"取代。后来又有考虑地球自转的对流模式，以及把深浅地幔对流结合起来考虑的模式，如波动模式和热柱对流模式。福塞思通过对板块运动的整理分析认为，即使地幔对流存在也不起主要作用。就目前的状况，有关地幔对流的机制还是众说纷纭，至于它是否能驱动板块做有规律的运动也仍是悬而未决的问题。

地球自转相关力

地球体积变化和地幔对流所产生的作用力不足以形成大陆块定向的漂移运动，地球自转相关力就显得尤为重要。这个问题涉及3个方面：①地壳所受到的自转惯性离心力；②自转速度变化造成地壳物质移动的构造力；③地壳与内圈自转速度差造成的相对运动力。在魏格纳的时代，前2种自转相关力都已被讨论，而第三种则是近十来年才被关注的。

泰勒在20世纪初，把大陆漂移的动力归结为地球自转产生的离心力。这种力在赤道处最大，向两极逐渐减小，到地极处为零。为了说明大陆漂移发生在第三纪，他假定那时地球因俘获了快速旋转的月球作为卫星而增大了自转速度，因而导致离心力增大，造成大陆漂移。但这种力很小，只为引力的1/300。所以，魏格纳主张月球和太阳对地球表面的潮汐摩擦减小地球的自转速度所产生的力推动着大陆向西漂移。

重力指地球的引力与地球自转离心力的合力，杜托特以重力驱动机制说明大陆漂移。这种重力说实际上是一种古老的地质构造说。地球内部的重力随深度而增加，到核面开始直线下降，到地心为零。地球重力的不平衡是地壳运动的重要原因。

"离极力说"也都同自转有关。"离极力"指浮力与重力的合力，这一概念是由姚特佛斯首先提出的。由于它的方向指向赤道，魏格纳以它作为驱动大陆块向赤道移动的原动力。其后爱泼斯坦等人通过计算证明，离极力确实能推动大陆块移动。

地壳与地球内圈的相对运动也是地球自转的一种次级效益。由于在地球

的地质演化过程中，内圈物质不断向中心集中，使内圈的转动质量不断变小，因而自转动量不断加大。又由于地幔与地壳之间有一薄的软流层，造成内圈的自转速度大于地壳的自转速度，发生相对运动，地壳相对于内圈反自旋方向运动，于是提供了一种驱动大陆块向西移动的原动力。近年已报道了来自地震波分析的结果：内核自转速度比地壳的自转速度快少许。

造山运动

造山运动，指地壳局部受力，岩石急剧变形而大规模隆起形成山脉的运动。仅影响地壳局部的狭长地带。其速度快、幅度大、范围广，常引起地势高低的巨大变化；同时，随着岩层的强烈变形，也有水平方向上的位移，形成复杂的褶皱和断裂构造。褶皱断裂、岩浆活动和变质作用是造山运动的主要标志。

鬼斧神工的自然地貌

我们这个地球不仅有五洲四海的海陆格局，而且在陆地上还有高山峡谷、江河沼泽、荒漠沙丘、黄土高坡、沃野平原。其上或寸草不生或绿被覆盖。这种自然地貌是怎么演变而来？是地球脉动和各圈层相互作用的结果。

在此要介绍的是板块的运动与造山、风与沙漠和黄土高原的形成、大川与峡谷和冲积平原的形成、土壤与植被的形成。

我们中国人总是自称"黄河儿女"，这不仅是因为我们渴饮黄河水、饥食黄河鱼，也不只是因为"黄河九曲唯富一套"，更重要的是因为黄河造就了作为中华五千年文明基地的大平原。是西北吹来的风，经过几十万年的持续不懈，用西伯利亚一带的沙尘，垫起了一个面积为几十万平方千米、厚约几百米的西北黄土高原。而黄河又用了一二万年的时间，以挟带泥沙的形式填海，造就成一个几十万平方千米的华北大平原。有了这平原沃壤和温带的气候环境，森林草禾才得以繁茂，中华民族才得以在这里创造自己的文明。

谁要是忘记西北风和黄河，谁就在有意无意地割断了中华民族的存在与天地之初的联系。

板块的运动与造山

在地球上，陆地的面积仅占地球表面积的 29% 左右。然而，就在这比例不大的陆地面积中，海拔 2000 米以上的高山和高原却占据着陆地面积的 11%。至于海拔 1000 米以上的山地，竟占据着陆地总面积的 28% 以上，共约 4200 万平方千米。这个面积也恰巧与整个亚洲面积相当。再加上一些低山和丘陵，地球的陆地上可以说到处布满了山。

那么，地球上为什么有那么多山呢？

地质学家的地质力学理论认为：造山运动的主要动力是地壳的水平挤压，一般情况下有 2 种挤压力：①由于地球自转速度的变化而造成的东西向的水平挤压；②由于在不同纬度地球自转的线速度不同所造成的地壳向赤道方向的挤压。这两种挤压加上地壳受力不均所造成的扭曲，就形成了各种走向的山脉。

一般说来，地壳中比较结实刚硬的部分，在地壳发生运动的时候，往往发生断裂，在断裂两侧相对地上升或下降，有时也能形成高山。但许多时候是大面积地升降，可以海拔很高，地势仍然比较平坦；而在地壳中一些薄弱的地带，则往往容易发生剧烈的褶皱、隆起时变成为绵亘的山脉，世界上许多山脉就是这样形成的。我们在许多大山中，就可以见到岩层变得弯弯曲曲的，这就证明这里曾经发生过这种褶皱变动，在强大的缓慢的力的作用下，地壳中的岩层可以具有一定的塑性，从原来近于水平的状态，变得弯弯曲曲。山岳的形成是地壳运动的作用造成的，但那里地壳的性质也起了决定性的作用。

在地壳运动造成了地面的凹凸不平以后，便使地面的流水得到大肆活动的场所。地势高低相差愈多，流水的活动能力愈强，对地面凸起部分的冲刷侵蚀进行得愈快。总的趋势是要把这凸出的部分削平，风和冰川也同样进行着这种工作。因此，地球上有些高山降低了，甚至变成和平地差不多。但由于地壳的运动并未停歇，像喜马拉雅山是在距离现在 200 万年前的新生代第三纪喜马拉雅运动时形成的，直到现在还在继续上升。因此，现在我们的地球正处在一个巨大的造山运动之后，像喜马拉雅山经中亚到阿尔卑斯山这一大串山脉，都是在地球的历史近期隆起形成的，因此现阶段地球上的山特

别多。

在流水侵蚀地面的过程中，由于地面各处岩石性质不同，它们抵抗侵蚀的强度不同，同时流水的侵蚀能力也各不相同。在一些地方，在一定时期内，它不仅没有起到削平的作用，反而把地面雕琢得高低起伏。冰川的这种作用也很显著。许多大山的形成虽然基本的原因是地壳运动，而具有现在这样的山形，是经过流水和冰川加工的。由于这些错综复杂的原因，地球上的山不但很多，而且崇山峻岭更是形象万千。

1. 全球板块结构及其运动

20 世纪 60 年代末，在大陆漂移说和海底扩张说的基础上，由美国的摩根、法国的勒比雄和英国的麦肯齐共同提出岩石圈板块构造说。地震学的研究成果支持了板块构造说，使得越来越多的人接受并承认这一学说。于是岩石圈板块的相对运动被视为岩石圈大陆构造的原因，板块构造学说也就被视为新全球构造理论。

按照岩石圈板块学说，一个刚性的岩石圈可依其地质构造特征区分成若干岩石板块。经过地质学家们的研究，多倾向把岩石圈区分为 7 个大板块和 7 个小板块，每个板块又可区分成若干地块。板块边界的地质构造主要有 3 种构造体系：全球洋脊构造体系、大陆新造山带构造体系和岛弧—海沟构造体系。这 3 种构造体系都是明显的变形破碎地带，活动性很强。因此全球的地震、火山绝大部分发生在板块的边界地带。板块的边界是某些地块的边缘。地块边缘的地质构造体系为大陆上老的褶皱带构造体系、大陆裂谷构造体系、稳定大陆边缘构造体系、洋底的海岭构造体系、大陆大断裂带构造体系和洋底大断裂带构造体系。这 7 个大板块是太平洋板块、亚欧板块、印澳板块、非洲板块、北美板块、南美板块和南极板块。

太平洋板块是由单一的大洋岩石圈组成的大洋型板块。这个板块有 9 个地块。

亚欧板块主要由大陆组成。中国地处亚欧板块之中。亚欧板块的内部结构最为复杂。亚欧板块有 24 个地块。

印澳板块有 9 个地块。

非洲板块主要是非洲大陆。大西洋的部分海域也被划分在该板块中。非洲板块有 9 个地块。

北美板块包括北美大陆和北冰洋盆地的绝大部分，有 14 个地块。

南美板块主要是南美大陆，有 6 个地块。

南极板块有 9 个地块。

地球在不停地运动着。由于地球的自转，地球内圈之间存在着相对运动，这 7 大板块作为一个整体相对于地球的内圈有一个向西的转动。除此之外，岩石圈的板块还存在一个离极运动。北半球的板块向赤道方向运动，南半球的板块也向赤道方向运动，但南北两半球板块的运动方向相反。因此岩石圈板块作为整体相对内圈的运动是这两种运动的合成。岩石圈板块除了有整体运动之外，各板块之间还存在相对运动。岩石圈板块之间相对运动有 3 种形式：板块相互分离、板块相互汇聚和板块相互平移。目前，全球岩石圈板块相对运动的速率大部分已被确定下来。根据板块的这 3 种相对运动形式，其边界可称为分离型板块边界、汇聚型板块边界和平移型板块边界。

板块相互分离运动一般发生在较古老的大陆块的破裂带。分离运动的结果会产生一个新生大洋盆地。

板块汇聚运动表现为板块之间的相互碰撞挤压。这种相对运动与全球大规模造山运动有密切关系。

板块平移运动表现为 2 个板块以简单的方式相互滑过。板块平移运动在许多情况下是沿某种形式的扭动构造带发生的，它与板块的分离运动和汇聚运动紧密联系在一起。

2. 全球新造山带构造体系

如果说喜马拉雅山是从古老的大海里升出来的，看起来这真是不可思议的事情。那披着冰雪的盔甲、威严的世界屋脊，怎么能和大海联系起来呢？

而事实却证明了该理论的确凿性。当我们攀上喜马拉雅山的陡峭的崖壁，或是在幽深的山谷里，仔细观察那儿的岩层，就能找到许多古海洋动植物化石，包括三叶虫、笔石、腹足类、腕足类、鹦鹉螺、菊石、瓣鳃类、珊瑚、苔藓虫、海胆、海百合、介形虫、有孔虫、海藻和鱼龙等。由此便可以证明这儿曾是一片汪洋大海，喜马拉雅山是从古老的大海里涌现出来的。

那么，茫茫的一片古海，又怎么会摇身一变，成为世界上最雄伟的山脉呢？这是地壳上升的结果。在希夏邦马峰北坡海拔 5700～5900 米的地方，发现了生长在 100 万年前的高山栎和毡毛栎化石。这些植物，现在仍生长在我

国西南广大地区海拔 2200～3000 米的高度范围内。虽然 100 万年前的气候状况和这些植物的生长环境、高度与现在不完全相同，但是可以粗略估计，该地 100 万年来大约上升 3000 米，平均每万年约上升 30 米。根据类似的资料推算，我国西藏定日县南某地在 20 万年来上升了约 500 米，可见在这儿的地壳隆起多么强烈。喜马拉雅山从大海里升起来成为"世界屋脊"，现在还在不断地上升着，只不过上升的速度有点慢，不易被人们所觉察罢了。

所谓新造山带指晚近地质时期，即中生代以来形成的褶皱山脉，同时又是岩石圈中现在正在发生大规模造山运动的地带。新造山带基本位于两大狭窄的地带内，相应地两大造山带分别称为环太平洋造山带和阿尔卑斯—喜马拉雅—东南亚造山带。环太平洋造山带经菲律宾、日本和阿拉斯加，以及美洲大陆西缘的落基山脉和安第斯山脉，最后延伸至南极洲。阿尔卑斯—喜马拉雅—东南亚造山带延伸，经阿尔卑斯、喜马拉雅、印度尼西亚，最后同新几内亚相接，大体横跨北非、欧洲和亚洲。

位于太平洋板块东部的北美板块，相对于地球内圈由东北向西南方向运动。北美板块的西部与太平洋板块发生碰撞挤压，使太平洋板块东部的一部分参与造山运动而被北美板块吞并，形成北美大陆西缘的巨大褶皱山系。南美板块的运动方向是向西向北的。由于南美板块接近赤道，有一部分在赤道上，所以南美板块向西的运动胜过向北的运动，它的西部边缘与太平洋板块碰撞挤压，也使南美板块西部产生巨大的褶皱山系。北美板块与南美板块西缘的由北至南的褶皱山脉连起来，成为环太平洋褶皱山系的一部分。在北美板块与南美板块的东部，则形成了蜿蜒曲折而又破碎的海岸形态。

亚欧板块主要由大陆构成，由东北向西南运动，并相对印澳板块向西推进。印澳板块包括印度半岛、印度洋东部洋底、澳大利亚及其周围部分洋底。印澳板块的 9 个地块有 5 个在南半球，2 个在北半球，其余 2 个跨越赤道。其中大部分在南半球，小部分地区在赤道以上。印澳板块作为一个整体运动板块，其方向由东南向西北。印澳板块与亚欧板块平行挤压形成了沿东西走向的褶皱山系。世界屋脊喜马拉雅、苏莱曼等山脉构成亚欧板块的阿尔卑斯—喜马拉雅—东南亚褶皱山系的一部分。亚欧板块的北部形成了为数众多的大陆壳岛屿。印澳板块的南部使澳大利亚岛与新西兰岛分离，形成了塔斯曼盆地。

总之，环太平洋造山带和阿尔卑斯—喜马拉雅—东南亚造山带就这样形成了，它大体上可以看做是全球性的连续造山体系。

地貌演化的外力原因

全球大气环流

对流层是大气圈层的最下层，与岩石圈层相接。大气主要集聚在对流层，它的运动对岩石圈层有着非常直接的影响。

对流层大气运动有垂直运动和水平运动 2 种，力源是气压差和地球自转。

作用于大气垂直方向的力主要由气体的垂直压力梯度与重力的合力决定，作用于大气水平方向上的力由气压的水平压差和地球自转决定。由于大气压水平分布不均匀而产生的气压梯度，存在一个从气压高的地方指向气压低的地方的力。产生气压水平分布不均匀的原因，是地球表面的温度不同。地球表面温度不同是由于地球表面接收太阳的热辐射的量值不同。不同的季节，一天中不同的时间，地球表面温度都有所变化。在地理位置上，纬度高的地区接收到的热辐射量少，纬度低的地区接收到的热辐射量多。例如，在赤道地带，天空晴朗的非洲东北部的广大沙漠地区，每年每平方厘米能接收到的热辐射高达 921096 焦耳。在北纬 40° 的地区，每平方厘米每年能接收到的热辐射是 586152 焦耳；而在北纬 60° 的地区，每平方厘米每年能接收到的热辐射是 334944 焦耳；纬度再升高，接收到的热辐射就更少。根据观测，北纬 40° 到南纬 35° 的区域是热量的净得区。因净得热量使该区域大气温度增高，天气热。北纬 40° 以北及南纬 35° 以南的区域是热量的净失区，因净失热量使该区域大气温度降低，天气冷。由于赤道的温度比两极高，使这两个地区的气压高低不同，因此存在一个从赤道指向两极的力。第二种，由于地球的自转，地面与大气之间的摩擦使大气受到一个因地球自转而产生的力。大气各层之间也存在摩擦力。这两种力作用的结果是使气体流动形成了风。风的速度与方向都由气体受力的大小和方向决定。

赤道地面温度比高空温度高，地面气压大于高空气压，气体上升，从而加大了高空的气压，同时地面的气压降低。在两极的高空，由于温度低、气压低，于是在地球上空，气体从气压高的地方流向气压低的地方，即从赤道的上空向两极运动。赤道的热气体到达两极后，两极高空的气体密度增加，

两极的冷空气向地面运动，地面附近的气体密度增加而使气压增高，气体在地面附近从气压高的地方流向气压低的地方，即从两极流向赤道。冷空气到达赤道，吸收赤道上的热能而导致温度升高，于是形成了赤道—两极的气体环流。当赤道高空的气体向两极流动，受到地球自转力的作用后，又使气流改变方向。这两种力作用的结果是，大约在北纬30°的上空使气体流动方向转为与纬线相平行，形成了西风，从而阻碍赤道上空的热气流继续向北移动。同时该地区的冷空气下沉到地面附近，导致气体密度增加，在北纬30°附近形成了气体的高压带。高压带附近的气体在地面附近向赤道和北极两个方向流动。向赤道方向流动的气体，成为流向赤道的东北信风。向北极流动的气体，通常称为盛行西风。同样的，在南半球也形成和北半球相对称的风向。以上的分析是假定地球的岩石圈是平坦的，但实际上高高的山脉对风的走向有阻碍作用。位于青藏高原的风的侵蚀和搬运力风对岩石圈的作用是非常重要的。风对地表的作用表现为对地表的侵蚀及对松散碎屑物质的搬运和堆积作用。在干旱和半干旱地区，风的作用尤为显著。

年平均降水量不足250毫米的地区称为干旱地区。在干旱地区，由于缺水，地面植被变得稀疏，气候变得干燥。地表岩石的热容量小，日气温及年气温的变化大，使得气压也随之变化，所以干旱地区多风。风对岩石有风化作用，结果使岩石变成碎屑，使干旱地区变成荒漠，植被更加稀少。这种恶性循环使干旱地区沙漠化。现在，世界上荒漠面积约占陆地总面积的1/5。它们以大沙漠的形式分布在非洲、亚洲和澳大利亚。

风对岩石的侵蚀作用可以使陡峭的岩壁被侵蚀成直径20厘米左右、深度为10～15厘米、大小不等的小洞穴和凹坑，使得岩石具有蜂窝状的外貌。有些岩石长期受到风的侵蚀，形成下细上粗的蘑菇状。被风侵蚀的岩石的这些奇特外观将会成为旅游胜地的一大景观。

当风的速度达到或超过5米/秒时，地面泥沙的90%可以被吹扬到离地面10厘米的范围内。含泥沙的风称为风沙流。风速越大，风沙流中的含沙量越大。当风的速度减小时，风沙流中部分泥沙下沉落到地面。当风速度为零，即风停止时，风沙流中的泥沙全部沉落到地面，被风沙大面积覆盖的地区便成了沙漠。若风吹扬的不是沙粒而是粉沙或尘土，风停止之后下沉覆盖的部分便是黄土。黄土是风的产物，因此黄土的分布应当与风的方向有关。世界上的黄土多分布在气候干燥的中纬度地区。在北半球多分布在北纬30°～60°

范围内。南半球的黄土分布在南回归线以南。全球黄土的分布是断续的条带状。全世界黄土面积约为1300万平方千米。

中国的黄土主要分布在黄河的中下游地区，即现在的黄土高原。阴山以南、秦岭以北也有大面积的黄土。除此之外，新疆和东北地区也有部分黄土。黄土覆盖总面积达632520平方千米，占世界黄土面积的4.9%。根据华北地区高空取样，中国的黄土高原是西风把西伯利亚、蒙古和新疆等地的粉沙和尘土吹到黄河中游地区上空然后下沉所造成的。今日黄土仍以1毫米/年厚的速率沉积推算，土层400多米厚的黄土高原应是近40万年形成的。

黄土覆盖在原丘陵、盆地、河谷之上，因此，黄土高原的地貌的主要特征也应当与地下岩石圈上的古地貌相似。但是地表的黄土仍将受到风的作用和水的冲刷，使黄土高原的地貌又有不同于古地貌的地方。

流水的侵蚀作用

存在于陆地上的水有2种形式：①流水，如江河；②相对稳定的湖泊和沼泽地中的水。

海洋、湖泊和江河表面吸收太阳的热能，使水蒸发成为水蒸气上升到空中，遇冷空气凝结成水珠落到河面。除此之外，地下水或冰雪融水也源源不断地补充给江河，使之川流不息。雨季到来，水珠集中落到地面后也可能形成沟谷流水和坡面流水。雨季过后，沟谷和坡面可能断流。不论是江河流水还是沟谷或坡面流水，对地表面都有很强烈的侵蚀及搬运作用。

植被稀薄地面的流水的侵蚀作用表现为水土流失。不论是年均降雨量不足400毫米的黄土高原的半干旱地区，还是气候湿润的南方，只要地表的植被稀薄或遭破坏，流水的冲刷就会造成严重的水土流失。冲刷下来的物质流入江河，成为江河泥沙的来源。

江河流水对地面的侵蚀有3种方式：①下切侵蚀；②侧向侵蚀；③向源侵蚀。这3种侵蚀都是沙、砾石和滚石在流水中沿河底搬运时产生的磨蚀。而这3种侵蚀对一条河流来说是同时存在的。

下切侵蚀是流动的河水对河床上的黏土、沙和砾石等未固定的松散物质的侵蚀作用，水力能将其冲走，甚至还能切穿基岩。水力作用的结果是陆地上出现许多狭长的大河谷。这种现象在江河的上游表现明显。因为在上游地带，河床的海拔高，河水落差大，因而河水的流速大，水的冲击力也大，河

尼亚加拉瀑布

水的下蚀作用明显。例如，长江上游的滇西北一带的河谷，由于河水的下蚀作用，在200万年内已加深了1200米，目前还在继续加深。有瀑布的河流下蚀作用十分严重。瀑布的水从很高的悬崖上飞泻下来，较大的水位差所造成的较大的动能，产生显著的下蚀作用。世界著名的尼亚加拉瀑布位于坚硬的石灰岩与软弱的页岩交界处。瀑布的急流侵蚀瀑布底下面的软岩层，能将基部掏空，而导致岩石崩塌。尼亚加拉瀑布以平均1.3米/年的速度不断向上游退移，形成尼亚加拉峡谷，就是这种下切侵蚀作用的结果。

流水的侧蚀可以使河床变曲，造成河道不稳定。由于河床弯曲，河水在弯曲处受到一个指向河道外侧的离心力的作用，使流水偏转，不断冲刷河道的外侧，造成河道的弯曲度加大。在弯曲处的内侧，由于河水的流速比较小，被河水搬移的物质会堆积起来。河流侧蚀的结果是变曲的河流形成曲流。平原地区土质较为松软，河流侧蚀的结果不仅造成河床不稳定，甚至造成河流改道，在洪水作用下凹岸弯曲处后退现象十分严重。

江河的搬运力

流水对地面物质的搬运作用有2种形式：①化学搬运；②机械搬运。

化学搬运是河水在其流域中溶解岩石化合物，使溶解物，即水中的矿物质，随着河水流动，从上游搬运到下游。能够溶解于水的化合物有碳酸氢钙、碳酸钠、氯化钠、硫酸铁及其他含有镁离子、钾离子的可溶性盐。溶解后的化合物以离子的形式存在于水中。一般情况下，河水溶解的化合物远远达不到饱和状态，因此不论河水的流量和流速有多大，这些矿物质都会随着水流而被搬运。一旦由于水温、水量发生较大的变化，使河水从不饱和溶液变成饱和溶液时，部分矿物质就会沉积在河底。当河水发生化学变化时，在河水中也会沉积一些不溶性的矿物质。虽然化学搬运作用所搬运的矿物质的量很少，但它对水质的影响是不可忽视的。

机械搬运是以河水为动力将河边、河底或水中的松散碎屑物质、沙砾，甚至巨大的砾石冲刷到下游，或长途搬运到海洋、湖泊。

若被搬运的物质是泥沙或者其他的悬浮物，在河水流动过程中，它们悬浮在水面上或水中随同河水一起流动。在一定条件下，河水能搬运的泥沙数量称为挟沙能力。挟沙能力与水的流量和水中的含沙量有关。水的流量增大，挟沙能力也增大；水的含沙量增大，挟沙能力也增大。河水的含沙量增加到一定程度，超出允许的挟沙能力时，部分泥沙会逐渐沉积。

若被搬运的物质是沙砾或砾石，这些砾石处于河底，河水的搬运作用表现为推移。这些沙砾或砾石称为推移质。推移质的体积与重量都与河水的流速有关。

水流开始推动推移质起动的速度称为起动流速，用 v_0 表示。推移质的粒径与 v_0 的平方成正比，推移质的重量则与 v_0 的 6 次方成正比。当水的流速增加 1 倍时，可推动的砾石的粒径就增加 4 倍，能推动砾石的重量就要增加 64 倍。在一般情况下，平均流速为 0.162 米/秒时，细沙开始移动；平均流速为 0.216 米/秒，粗沙开始起动；平均速度为 0.312 米/秒，细卵石能起动；平均流速为 0.975 米/秒，中卵石开始起动；平均流速大于 1.62 米/秒，大卵石能起动。因此，河流上游发生的暴雨急流可以将许多大的或巨大的砾石冲到下游。暴雨停止，这些砾石便停留在那里。一般情况下，河流上游的流速高于下游，因此在河流入海或流入湖泊的这段路程中，推移质的分布规律为：河源头附近有较大的砾石，上游有较小的砾石，中游分布较多的泥沙，下游分布细沙，在入海口或入湖泊口有粉沙或淤泥。

推移质的数量与河水的流量有关。水的流量增加，推移质的数量也增加。当山洪暴发或洪水到来时，河水的流速和水量都猛增，可能导致许多的推移质及泥沙向下游流去。

流水的搬运作用是不可低估的，每年的机械搬运量也是惊人的。据测量，黄河和长江的机械搬运量分别为每年 136 亿吨和 4.905 亿吨。黄河最大含沙量为 42.29%，黄河支流无定河的最大含沙量达 78%，黄河每年搬运到海里的泥沙达 12 亿立方米。黄河和长江的化学搬运量分别为每年 2018 万吨和 17790 万吨。

流入海洋或湖泊的河水，在入海口或入湖口由于地势平缓而流速变小，

于是被搬运和冲刷的大量泥沙沉积在那里，形成大面积的冲积平原或三角洲。

冲积平原

冲积平原，是由河流沉积作用形成的平原地貌。在河流的下游，由于水流没有上游般急速，而下游的地势一般都比较平坦。河流从上游侵蚀了大量泥沙，到了下游后因流速不再足以携带泥沙，结果这些泥沙便沉积在下游。尤其当河流发生水浸时，泥沙在河的两岸沉积，冲积平原便逐渐形成。

▚ 无法平静的河流变迁

河流的形成

自古以来，人们对河流就有着深厚的感情。在古老的原始时代，我们的祖先就依山傍水居住，不少村庄、城镇就建在河边，甚至随着河流的变迁而兴亡。世界上古代文明的发祥无不与河流相关。九曲黄河被称为"中华民族的摇篮"，非洲的尼罗河、西亚的幼发拉底河和底格里斯河、印度的恒河，也分别孕育了古埃及、巴比伦和印度的灿烂文化。

它们在陆地表面纵横交错，蛛网般地分布着，是陆地表面水流和泥沙输移的主要通道，那些干流就好比地球身上的大动脉，那些细细的支流如同毛细血管，不断给大地带来新的"血液"，滋润着地球上的生命。有的浩浩荡荡，奔向海洋；有的越流越窄，最后消失在沙漠中；有些河流像捉迷藏一样，一会儿钻入地下消失得无影无踪，一会儿又在什么地方潺潺而出；有的河流"行踪"不定，经常改道；有的河流含沙量大，有的河流含沙量小；有的河流形如"九曲回肠"，还会自然截弯取直等等，可谓各式各样。这些都与河流所流经地区的地形、气候密切相关。

可是这么多特性各异的河流，到底是怎样形成的呢？它们最初的模样有着相同的成长过程。它们的形成靠的并不是人力，而是自然的力量。

一般来说，形成一条河流必须具备2个条件：①有经常不断地流动着的水，②水在其中流动的"槽"。

然而，陆地上成千上万条河流，昼夜不停地流着，其水源是从哪儿来的呢？河流的水源是一个复杂的问题，科学上叫河流的补给。

首先，雨水是世界上大多数河流的最重要的水源。我们知道，海洋和陆地表面都不停地进行着水分蒸发，而后把水蒸气送入大气，大气中的水汽9/10以上以降水形式落回地面，进而影响河流的流水。

河槽上空的降雨，可直接加入江河的水流中，但河槽的面积毕竟是不大的，所以河槽上降雨的补给常常是微不足道的，一旦降雨停止，这种补给也就立刻消失。

事实上，河流的降水补给，主要是来自它的广大的集水区域。那些没有直接降落到河槽内的水，并不立即产生径流，而是首先消耗地面上的植物截留、地面下渗、填洼及蒸发等。降雨被植物截留的现象叫植物截留，植物截留的水量不大，它将被蒸发掉。雨水从地面向下不断地渗入土壤的过程，叫下渗。当降雨满足下渗之后，将形成地面积水，蓄积于地面洼地，称为填洼。随着降雨的继续进行，满足填洼后的水开始沿着地面流动，称为地面径流。

在一次降雨过程中，由于各处的植物截留量、下渗量和填洼及蒸发量的不同，地面径流出现的时间、地方有先有后。开始出现的地面径流在坡面上呈面状流动，称为坡面漫流。在漫流过程中，坡面的水流一方面直接接受降水的直接补给，另一方面在前行的过程中不断地因蒸发而消耗。如果降雨很大或降雨时间很长，地面径流就能最终注入河网。这种补给常常在雨后还能持续一段时间。

都说"河流是气候的产物"，而事实上，降水的多少和降水的方式对河水变化影响很大。一般是降水量多的地方，河流水量也大；降水量少的地方，河流水量少。我国气候属于季风气候，全年降雨量大部分集中在夏、秋两季。所以夏秋两季，河流常常形成洪水，带来洪涝灾害。在少雨或无雨的冬季，江河水量显著减少，出现一年中的枯水期，有的河流甚至出现断流现象。

另外，还有许多因素也影响着河水。比如说，地面的蒸发，如果降水的大部分被蒸发掉了，那么流到河里的水量自然要大为减少。有些地方每年降水量的60%～70%成为河水，但另一些地方则只有30%～40%成为河水。这种差别，取决于当地的气候、地形、地质、植物和人类活动等的影响。

降水的方式是多种多样的，在热带和温带地区，降雨是主要形式；在寒

带和高山地区，降雪为主要形式。但是，不管是哪一种方式，降水降到地面之后，都可成为河水的来源。

季节性积雪的融水，是河水的又一来源。有些河流，由于春季集水区内积雪的融化，补给河流，使河水流量大增形成春汛，有些地方将之称为桃花水。这种积雪补给河流的水量，受冬季积雪厚度的影响。由于冰雪的融化受气温高低的制约，所以，一般说来，一年中七八月气温最高，融水补给河流的水量也出现最大值，而在冬季则会出现河流的枯水期。

松花江

有些山区的湖泊，也常成为河流水的来源。长白山天池，水面恬静、群峰环抱，天池北面，有68米高的瀑布，飞流而下，成为松花江的源头。

地下水也是河水的重要补给来源之一。尤其在枯水季节，降水稀少，河流中水量减少，水位下降，出现地下水位高于河流水位的情况，这时，地下水补给占很大比重。

除以上所说的河水的几种补给来源外，还有沼泽水和冰川融水的补给。

一般说来，一条河流的补给水源往往是多方面的。例如长江，它既有雨水的补给，也有冰川、湖泊、沼泽等补给水源。补给水源还因季节和地域不同而变化。在一年中，冬季降水少，多数河流只能从地下水得到补充；春季既有降水，又有冰雪融水；夏秋季则几乎全部以雨水为主要来源。不过，在地域上也有很大不同，往往在河流的某一段以冰雪融水补给为主，而另一段则以雨水补给为主。

构成河流的另一个基本条件是容纳水的河槽，又称为河床。河槽是经常有河水流动的"槽"。槽的塑造过程不是一朝一夕完成的，经过了水流的成年累月的辛苦劳作。

雨滴落到地面上，经过一段时间，产生了地面径流。在地面比较松软的地方，就慢慢地冲出一条小沟来，在小沟里形成细流。经过数次雨水的冲刷，小沟越来越大，这样的小沟也越来越多。逐渐地，相邻的小沟不断扩展汇在了一起，汇合后的水流量大了，冲刷力也随之增强。后来，小沟扩大成了溪涧，许多溪涧汇集起来，就成了江河。

河道的变迁

河道变迁是指由于河流的天然改道或改向使河道发生平面迁移的现象。河道变迁，一般有3种原因。①由于升降运动的方向和速度的差异而引起的河道变迁，使河道向相对下降的方向偏移。如永定河自西山进入北京平原后，河流由东北向西南方迁移，就是以构造因素为主的渐进式河流改道。②以水文因素为主的突发式河流改道。当河流下游段流经平原时，如含沙量过高，流速变缓时往往形成大量淤积，久而久之，河床高于两岸地面。当发生特大洪水时，河流决口，沿平原上的低地形成新的河道，而把原下游的故道完全废弃。中国黄河下游，历史上曾多次发生河流改道。③因河曲的发育，河流袭夺，河道裁弯取直也是河道变迁的一个原因。河道变迁后如引起水系，流域范围等方面的变化则称为水系变迁。河道变迁对工矿、交通、水利、农田等方面都有影响。现以黄河河道的变迁为例说明。

黄河像一条金色的巨龙，横卧在祖国的北部大地上。它全长5464千米，流域面积752443平方千米。黄河流域是我国文明最早的发祥地，其中下游地区在相当长的历史时期内，一直是我国政治、经济和文化的中心。

黄 河

黄河原名为河水。直到西汉初年，才开始有人提到黄河的字样（《史记》"使黄河如带"），虽然可以说具有一定的偶然性，但至西汉末年，已经有了"河水重浊，号为一石水而六斗泥"的记载（《汉书·沟洫志》）。到了唐代黄河的含泥沙问题更为严重。

我们知道，黄河流经的黄土高原，黄土疏松，不耐侵蚀，被侵蚀的黄土，

便辗转流入黄河。因为黄土高原紧邻沙漠，所以黄土中多含沙粒，因侵蚀随水流下，增加了黄河水中的含泥沙量。

其实，在远古之时，黄河中上游植被丰富，遇到侵蚀，泥沙不多，有时最多也只是浑浊。但是，后来随着沿岸人口的增加，土地的开发，植被遭到破坏，水土流失开始变得愈发严重，因而遇到雨水，泥沙俱下，形成黄河泛滥，甚至导致河流改道。

自有文献记载以来，黄河决口泛滥，相当频繁，其中改道也有多次，据有关方面统计，自有记载以来黄河决口泛滥约有 1500 余次，较大的改道达 26 次，其范围包括今河南、河北、山东、安徽、江苏等省。在 26 次改道中，大徙改道有 6 次。其中金以前多在今黄河以北，金朝以后多在今黄河以南。宋代以后的变化最为频繁，大约不到四五百年就已经有改道的事情发生。这自然是由于河流泥沙过多，河水容纳不下的缘故。

黄河之所以决徙改道，除自然原因外，也有社会原因，而洪水量和泥沙量则是造成黄河决徙改道的主要自然因素。

黄河的 6 次改道为：

第一次在春秋中叶，周定王五年（前 602 年），黄河从河南进入河北由天津入海。这条河道稳定，将近 500 年，到西汉文帝后开始决口，至西汉末达到不可收拾的地步，灾情较为严重，终于在王莽始建国三年（公元 11 年）在河北磁县南决口。主流东决，在今山东境内入海。而分流则漫流在今山东西部、河南东部一带，前后经过 70 余年的漫流期，到东汉初才结束了这种局面。

第二次改道在东汉明帝永平十三年（公元 70 年）。由著名的水利工程师王景和王吴主持，对王莽时的河决大势加以疏导，王景领导几十万民工花 1 年时间，沿黄河修筑堤坝达 500 余千米。这次改道后黄河稳定长达 700 余年，直到唐中叶才决口。这次安流时间长的原因除了王景治水之功外，关键在于中游地区植被发生变化。在此期间是魏晋南北朝时期，游牧民族占领黄河中游地区，建立政权，用畜牧业代替农耕，从而使水土流失程度大大减轻。到唐代末年黄河又开始泛滥。

第三次改道在北宋仁宗庆历八年（1048 年）。宋初 70 余年中，黄河多次溃决，但屡决屡塞，总能堵住，至景祐元年，澶州（濮阳）决口已无法用人工堵塞。庆历八年（1048 年）黄河在今河南濮阳东北决口，造成第三次改道。经山东北部入今卫河由天津入海。此后嘉祐五年（1060年）黄河又在大名东决出一段，东北循马颊河入海，导致黄河有东北二流。此后60年中，宋金对峙，中原战乱不定，因而黄河灾情更为严重。

第四次改道是在金章宗明昌五年（1194年）。黄河在阳武决口（今河南原阳县），经延津，入山东至寿张入梁山泊，然后分为2支，北支由北清河（今黄河）入海，南支由南清河（泗水）取道淮河入海。就水量而言，进入淮河者占大多数，夺淮入海者达十之七八。

第五次改道是在明朝弘治七年（1494年）。在此之前，元代贾鲁曾治理黄河，使水回归故道。所谓故道也就是自金代以来黄河多次经流的汴泗道，由河南进入安徽北部至徐州入泗水，再循泗入淮。历史上称为贾鲁河。

第六次改道在清咸丰五年（1855年），黄河在铜瓦厢决口（今河南兰考北），结束了黄河趋向东南、夺淮入海的历史。这也是黄河长期夺淮入海导致淮河流域泥沙堆积、地势上升造成的。

1938年6月国民党政府为了阻止侵华日军沿着陇海铁路西行，命令其部队炸开在郑州花园的黄河大堤，使黄河再次趋向东南，历时9年，造成河南、安徽、江苏三省受灾。这是历史上黄河由于人为决口所造成的最大灾害。

黄河历次改道，造成入海口经常发生变化，其入海口最北在今天津市附近，最南是和淮水一同入海。如果以现在河南孟津县和现在的天津市以及淮水入海的地方为三顶点，作一三角形，这个三角形内的绝大部分土地都是在黄河改道或者泛滥区域内，甚至还有若干地区还不是这个三角形所能包括得到的。

从整个历史时期黄河决徙改道的情况来看，可以公元10世纪为分界线。在此以前的2000年间，大改道共有2次，其他决徙的记载也很少，黄河基本上是安稳的，平静的。这是因为古代黄河上、中游高原地带的森林、草原还比较完整。如山陕峡谷和泾渭北洛上游基本上是畜牧区，原始森林、草原未被破坏。唐代以前的3000多年，大部分时间的平均气温都比现在高2℃，也有利于植被的生长，这种良好的植被状况，足以保持水土；中、下游河谷平原地带，古代人民在黄河两侧挖了无数的灌溉渠道和沟洫，其中著名的如战国时魏引漳水溉邺、秦开郑国渠引泾入洛，汉武帝开白渠引泾入渭等。《史记·河渠书》说，当时的灌溉渠要"以万亿计"，这些渠道沟洫把河水夹带的泥沙引入农田，作为肥料。此外，古代黄河下游有名的济、汴、濮、漯等大川

和密如蛛网的支津，以及散布在大河两侧众多的湖泊，也直接或间接相通，为黄河流沙的淤积和洪水的宣泄起了分担作用。因此，千年以前，黄河流域作为我们祖先定居生息的地方，它灌溉了亿万亩农田，它和它的支津有几千里通航路线，那时候的黄河是利多害少。

黄河为患严重只是近千年来的事。公元10世纪以后，也就是从唐末五代开始，黄河的情况发生重大的变化，它已不再是一条安稳平静的大河，而以决徙为常态，安流为变态了。而且决徙的频率和破坏程度随着时间的推移而日益增加。东汉至唐末的800多年中，黄河仅有40个年份有决溢的记载，唐末至近代的1000多年中，大小决溢达1500余次，清代269年中即达600次，辛亥革命后1912～1933年的22年中，决口达92次。这主要由于人为的原因。首先，从唐代后期开始，黄河上中游的大片原始森林，遭到盲目滥伐，广大牧场被垦为耕地，自然植被遭到破坏，引起严重的水土流失。唐以后的气温也有了明显而持续的下降，一般平均气温比现在约低1℃，也影响了植物的生长，再加上五代以后，封建统治中心东移，上中游的渠道逐渐湮废，泥沙毕集于黄河。统治阶级不知治本，只知治标，硬想用堤防来解决一切，于是两岸支津全被堵塞。与这些支津相沟通的天然湖泊也日渐淤废。既无支津湖泊来分泄洪水，堤防尽管逐渐加高，河床填高得更快，洪水一到，终不免溃决。而每次决徙、改道，河水所挟带的泥沙大量淤积。尤其是到了元、明以后，黄、淮两大流域合成一处出口，更易发生壅塞溃决，这也是促使后期黄河决徙愈益严重的原因。

堰塞湖

堰塞湖，是由火山熔岩流，冰碛物或由地震活动使山体岩石崩塌下来等原因引起山崩滑坡体等堵截山谷，河谷或河床后贮水而形成的湖泊。由火山熔岩流堵截而形成的湖泊又称为熔岩堰塞湖。堰塞湖的堵塞物不是固定永远不变的，它们也会受冲刷、侵蚀、溶解、崩塌等等。一旦堵塞物被破坏，湖水便漫溢而出，倾泻而下，形成洪灾，极其危险。

循环的气候变迁

　　地球刚刚诞生的时候，地球上的气候是非常恶劣的，大气中充满 CO_2，呈现出黄色的"天空"，而没有氧气。随着地球温度的逐渐下降，地球上空的大气凝结成水滴，在重力作用下，形成了降雨。这地球上的第一次降雨，无休止地下了几百万年，原先地球表面的坑洼沟谷成为江河湖海。经过漫长的岁月，地球逐渐冷却，生命开始孕育诞生，地球气候在生命的介入下开始变得温和而利于生命的生存。地球气候的演化在地球史上是逐步地，相继地发生、发展和形成的。从气候系统演化历史来看，生命的发展对气候的进化有极重大的作用。生命与气候是共同进化的，永远不会停留在一个水平上。随着科学技术不断发展，人类活动对环境演化的影响愈来愈大。人类燃烧这些化石能源排放的二氧化碳等温室气体是使得温室效应增强、进而引发全球气候变化的主要原因。目前的气候变化，全球科学家的共识是：有90%以上的可能是人类自己的责任，人类今日所作的决定和选择，会影响气候变化的走向，所以爱护地球，维护有利于人类生存的气候条件是每个人必须具备的常识。

气候变迁小考

　　气候变迁指在较长的一段时间里，一个或几个气候要素有规律地变化的过程，通常用不同时期的温度和降水量等气候要素的差异来表现。气候变迁的时间尺度往往是几百年、几千年、几万年甚至更长。

地球上各种自然现象都在不断变化之中，气候也不例外。据地质考古资料、历史文献记载和气候观测记录分析，地球上的气候一直不停地在发生周期性的变化。从时间尺度和研究方法来分析，地球气候变化可分为3个阶段：

（1）地质时期气候变化：是指距今22亿～1万年前的气候变化。这个时期气候变化的幅度很大，它不但形成了各种时间尺度的冰河期和间冰河期的相互交替，同时也相应地存在着生态系统、自然环境等的巨大变迁。按当前的科学概念，地质时期的气候变化是体现了大气、海洋、大陆、冰雪和生物圈等组成的气候系统的总体变化。

（2）历史时期气候变化：是指1万年左右以来，特别是人类有文字记载以来的气候变化，是近代气候变化的背影。由于历史时期可供考证的文物古迹、文字记载和气象观测记录更加丰富，所以用历史记载所得出的资料是弥补现代仪器观测资料年代太短的手段。

（3）近代气候变化：是指近200～300年以来的仪器观测时期。随着近代气象观测仪器的出现，可以普遍使用精确的气象观测记录来研究气候变化。

大冰期与气候变化

关于地球远古时代的气候，随着时代的久远，我们的认识有些模糊不清。地球形成为行星大约在55亿年前，从那时候开始直到46亿年前，地球上充满原始大气，并且逐渐逃逸。从46亿年前开始，地球进入到地质年代，逐渐产生次生大气。大约在30亿年前，地球上出现生命，开始改造地球大气，到寒武纪，大气才被生物改造成现在这个样子。但是，对古代以前的古气候，我们几乎是一无所知，到了古生代，古气候状况才逐渐清楚起来。

我们大体上知道，在地质时期反复经过几次大冰期，其中从古生代以来，就有3次大冰期。它们是：震旦纪大冰期、石炭纪二叠纪大冰期、第四纪大冰期。大冰期之间是比较温暖的间冰期。

每2次冰期之间，大约是2亿～3亿年。为什么有这样长的周期呢？一种意见认为，可能与造山运动有关系。地质上的大造山运动，往往使地面起伏程度加大，全球变冷。因为山脉越高，引起大气的热机效率就越高，上升运动增强，云雨增多，反射增大，地面接收的太阳辐射能量减少，地表变冷。

3次大冰期与地质时代三次强烈的造山运动相对应。震旦纪大冰期产生在元古代末地壳运动以后，石炭纪二叠纪大冰期与海西运动相对应，第四纪大冰期与喜马拉雅运动对应。这不是偶然的。现在，喜马拉雅山还在升高，造山运动并未停止，所以第四纪大冰期还远未结束。现在，喜马拉雅运动还不到7000万年，第四纪大冰期还只200多万年。所以，这次大冰期还会延续下去，至少还要持续1万~2万年。

另一种意见认为，地质历史上的大冰期和大间冰期，是由于地球的黄道倾斜的大波动造成的。这种观点认为，黄道倾斜的范围是在0°~54°之间，黄道倾斜大的时期代表着冰川流行的时期，在3次大冰期期间，黄道倾斜曾有过10°~23.5°的变化。

那么，造山运动为什么也有2亿~3亿年的周期呢？地球黄道倾斜为什么也有2亿~3亿年的波动呢？澳大利亚人威廉斯认为，这种气候变迁与地球在银河系的位置有关系。因为地球不停地绕太阳公转。整个太阳系也绕着银河系中心公转。这样转一圈的时间约2.5亿年，太阳系又回到原来的位置。

第四纪冰期的气候变化

我们说现代正处在第四纪大冰期中，其实，第四纪大冰期中的气候也有很大的变化，曾经出现几次亚冰期和亚间冰期。变化的时间短则几千年，长则几万年或十几万年。

在20世纪初，地质学家根据阿尔卑斯山区的资料，确定那里存在4次亚冰期的规律。这就是：群智亚冰期、民德亚冰期、里斯亚冰期和武木亚冰期。在这些冰期之间是亚间冰期。以后在北欧、北美、亚洲等地也纷纷找到了对应的亚冰期。在我国对应的亚冰期是：鄱阳亚冰期、大姑亚冰期、庐山亚冰期和大理亚冰期。

在第四纪的冰期中，仍然有寒冷和温暖更替。在寒冷时期，雪线高度下降，冰川前进，出现亚冰期，以民德（我国为大姑）亚冰期和里斯（庐山）亚冰期的冰川规模最大，群智亚冰期规模最小。在温暖时期，气温升高，雪线高度上升，冰川退缩，出现亚间冰期。民德—里斯（大姑—庐山）亚间冰期长达17万~18万年。在第四纪大冰期，高纬度气温的急剧下降，导致两极地区形成永久冰盖；在亚冰期，冰川一直伸展到中纬度，在亚间冰期才退缩到高纬度。

根据科学研究发现，从亚间冰期向亚冰期过渡时，气候常呈渐变形式，其中没有清楚的界线。从亚冰期向亚间冰期过渡时，气候常呈突变形式，两

者之间有明确的分界线。科学家们称为终止线。在距今1.1万年前后出现了一条终止线，标志着最近一次亚冰期结束了，随之而来的是一次新的亚间冰期，气候由冷增暖。

在第四纪大冰期中，为什么会有亚冰期和亚间冰期的更替呢？按照南斯拉夫气候学家来兰柯维奇在20世纪30年代提出的理论，是由于地球轨道3要素的自然小波动造成的。地球轨道3要素是指：地球轨道的偏心率、地轴的倾斜度和春分点的位置。

地球绕太阳公转的轨道是一个椭圆，太阳位于椭圆的一个焦点上。这样，地球处在轨道的不同位置，距离太阳的远近就不相同，获得的太阳辐射能量就有差异，如冬季在远日点，夏季在近日点，冬季就寒冷而漫长，夏季炎热而短促。地球轨道现在的偏心率是0.164，但是偏心率在0.00～0.06的范围内变动。它的变动周期约为96000年。偏心率的变化影响日地距离，从而影响太阳辐射强度，导致影响地球上的气候。

地球在春分点处在地球公转轨道上的什么位置，将影响季节的起止时间，也会使近日点和远日点的时间发生变化。地球在春分点的位置，是沿着地球公转轨道向西缓慢地移动，大约每21000年，春分点的位置在地球公转轨道上移动1周。春分节气的时间，每隔70年就要推迟1天。现在北半球夏季远日，冬季近日，夏季比冬季长8天。大约10000年后，就会变成冬季远日，夏季近日，冬季反而会比夏季长8天。就是说，不太冷而且短促的冬季，将会变成寒冷而漫长的冬季。

地轨倾斜又称黄赤交角，是地球上产生四季的原因。地轨倾斜度的变化，会导致回归线和极圈的纬度发生变化，从而改变地球上的季节。地轨倾斜使回归线在纬度22.1°～22.4°之间变化，使极圈在67.9°～65.76°之间变化。变动的时间周期41000年。地轨倾斜度增大时，回归线纬度升高，极圈纬度降低，高纬度的年太阳辐射总量增加，冬寒夏热、气温年较差增大，低纬度的年太阳辐射总量减少。地轨倾斜度减少时，高纬度冬暖夏凉，气温年较差减少，夏季温度低更有利于冰川发展。

历史时期的气候变化

从第四纪更新世晚期，距今1.1万年前后开始，地球从第四纪冰期中的最近一次亚冰期，进入到现代的亚间冰期，人们也称之为冰后期。这一段时间大体上相当于人类进入到有文字记载的历史时代。关于这时期的气候，挪威的冰川学家曾做出近10000年来的雪线升降图，说明雪线升降幅度并不小，表明冰后期以来，气候有明显的变化。中国有悠久的历史记载，竺可桢将这些记载加以整理分析，发现我国在5000多年来的气候有4次温暖期和4次寒冷期交替出现。

在公元前3000~前1000年左右，即从仰韶文化时代到安阳殷墟时代，是第一个温暖期，这个时期大部分时间的年平均温度比现在高2℃左右，最冷月温度约比现在高3~5℃。

公元前约1000年~前850年（周代初期），有一个短暂的寒冷期，温度在0℃以下。

公元前770年~公元初年，即秦汉时代，又进入到一个新的温暖时期。

公元初年~公元600年，即东汉、三国到六朝时代，进入第二个寒冷时期。

公元600~1000年，即隋唐时代，是第三个温暖期。

公元1000~1200年，即南宋时代是第三个寒冷期，温度比现代要低1℃左右。

公元1200~1300年，即宋末元初，是第四个温暖期，但是这次不如隋唐时那样温暖，逐渐由淮河流域移到长江流域以南，如浙江、广东、云南等地。

在公元1300年以后，即明、清时代以来，是第四个寒冷期，温度比现代要低1~2℃。

近5000年来，虽然是寒冷期与温暖期交替出现，但是总的趋势是由温暖向寒冷变化，寒冷期一次比一次长，一次比一次冷。在第二次寒冷期，只有淮河在公元225年有封冻。而在第四个寒冷期的1670年，长江都几乎封冻了。

有趣的事情是：挪威冰川学家用雪线高度表示气温升降，竺可桢用的是历史文献记载资料，结果却十分一致，说明冰后期以来的气候变化具有全球的普遍性，绝对不是一种巧合。近代的气候变化从1850年农业机械化开始以来，近100多年来的气候变化，我们称之为近代气候变化。近百年来气候变化的基本趋势是：1961年以后的世界气候与20世纪前半期相比有显著不同，而与19世纪后半期相类似。从19世纪末期开始，到20世纪40年代，是世界性气候增暖时期，增暖的趋势在20世纪40年代达到顶峰，以后温度下降，20世纪60年代后变冷更加明显，这次变化很可能是近10000年来的一次气候振动。

　　这种振动可以从大气环流变化中得到解释。根据英国气候学家拉姆巴的说法,从1895年开始,世界环流突然由经向环流占优势的时期,转变为纬向环流占优势的时期。从此,纬向环流不断加强。到1940年前后达到最盛时期;随后,纬向环流又逐渐减弱,经向环流又逐渐加强,到1961年前后,纬向环流显著减退,重新恢复成为经向环流占优势的时期。

　　在纬向环流强盛时期,气旋性活动增强,行星风系影响加剧,南北半球的气候带向两极方向移动。在纬向环流衰弱的时期,反气旋性活动加强,季风发达,南北半球高低纬度之间气流交换频繁。地球上的气候带向赤道方向移动。可见,世界环流模式的改变,对全球性气候变化的影响多么巨大。

海西运动

　　海西运动,由德国海西山得名。其所形成的褶皱带,称海西或华力西褶皱带。海西运动起初在德国用于不同时期褶皱、断裂作用造成的任何山地,后限指晚古生代造山运动。海西运动使西欧的海西地槽、北美东部的阿帕拉契亚地槽、欧亚交界的乌拉尔地槽、中亚哈萨克地槽及中国的天山、祁连山、南秦岭、大兴安岭等地槽褶皱回返,形成巨大山系。此时北半球各古地台之间的地槽带变为剥蚀山地。海西运动的完成,标志着古生代的结束。

探秘气候变迁之因

　　对气候变化影响的因素来自多方面,包括太阳辐射、地球运行轨道变化、造山运动、温室气体排放等。由于地表许多间接影响气候的因素反应较慢,如海洋温度变化、冰山融化等,所以,气候变迁相对直接影响气候的因素变化来说,可能要等几个世纪,设置更长的时间才能显现出来。

大气环流

　　大气环流就是大气中主要气流的总情况,它有由西向东流动的纬向环流,也有沿着经圈的南北环流。我国广大地区气温的高低,主要决定于经向环流即西伯利亚冷气流的强弱。它们一般来自北冰洋的厚层冷空气，它们先在西伯利亚北部和蒙古积聚，使大陆高气压加强。当西风带较强的波动向东推进时，常使低层大陆高压分裂，导致冷空气爆发南下侵入我国，这种强大的寒潮是我国冬半年主要的灾害性天气，给人民的生产和生活影响极大。

欧洲的气候则因墨西哥湾暖流的输热作用比同纬度的我国东北一带暖和得多。如处于北纬48°58′的法国巴黎，1月平均气温是 3.1℃，7月平均气温是19℃，年较差为 15.9℃；而纬度相近的我国北纬47°23′的黑龙江齐齐哈尔，1月平均气温则是−19.6℃，7月平均气温是22.6℃，年较差达42.2℃，齐齐哈尔 1 月气温比巴黎要低22.7℃。近 100 年来，由于墨西

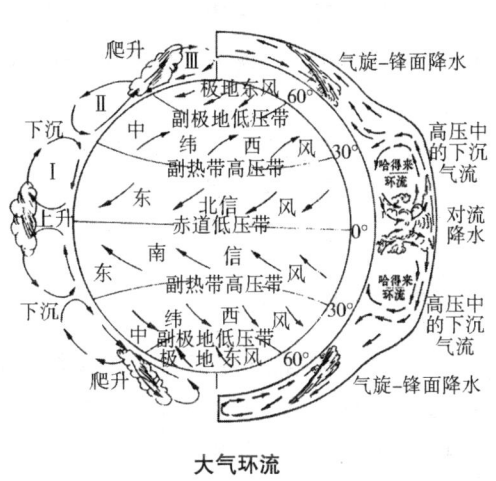

大气环流

哥湾暖流在大气环流变化的影响下显著加强，使得输向北极的热量大为增加，北极气温的升高和积冰量的减少，从西伯利亚向南侵入我国的冷空气也有了显著的减弱，这成为 20 世纪 20～40 年代我国气候增暖的主要原因。

大陆漂移

经过几百万年，地球大陆板块漂移，造成陆地和海洋位置和面积的变化，会影响全球大气环流，从而产生全球或区域性的气候变化。

巴拿马地峡

海洋的位置对全球的热量和湿度的转移有极其重要的作用，因此也对全球气候起着决定性的作用。例如 500 万年前，巴拿马地峡形成，截断了太平洋和大西洋之间的联系，因此造成了墨西哥湾暖流，导致北半球产生冰盖。

更早的石炭纪时期，大陆漂移造成大规模的碳被贮存起来，也因此引发的冰河时期的到来。在超大陆盘古大陆时期，海陆状态曾经造成"超级季风"产生。

地貌状态也能影响气候变化，造山运动形成了山脉，山的存在会造成地形降水，由于随着地势增高，气温下降，水蒸气凝结，这种降水是高山冰川形成的主要原因，也使山区形成在不同高度有不同的动物植物群落，形成高山生态系统。

大陆的面积也对气候有重要作用，因为海洋热容量大，可以稳定温度变化，沿海的年气温变化要比内陆小，所以，面积大的大陆季节性温度变化要比面积小的陆地或岛屿大。

太阳辐射

地球上气候的波动首先和太阳辐射的强弱有关。春、夏、秋、冬四季的轮回，寒、温、热三带的分别，都是因为太阳辐射有强弱的缘故。我国领土北起黑龙江江心，南到曾母暗沙，南北跨 49 个纬度，从南到北，包括赤道带、热带、亚热带、暖温带、温带和寒温带等 6 个热量带，其中又以温带、暖温带、亚热带面积最广，这是使我国成为气候类型多样，气候资源特别丰富的基本因素。过去以为地球上每一个部分所接受的太阳放射出的辐射能可以太阳常数来衡量。近年来，发现太阳黑子、光斑、日珥等的多少，象征着太阳活动的强弱，由此得出了太阳的 11 年周期变化，大气中的磁暴、北极光和游离层均与之有关。黑子多时则磁暴与北极光也多，此时游离层发生扰动。其下的臭氧层则吸收大量紫外光线，使高空的同温层温度骤然增高而影响到大气环流，从而影响地面上的温度和雨量分布。

所谓黑子就是太阳发光圆面上做涡旋运动的灼热气体。由于它的温度比太阳表面其他部位要低 1000～2000℃左右。因此，从

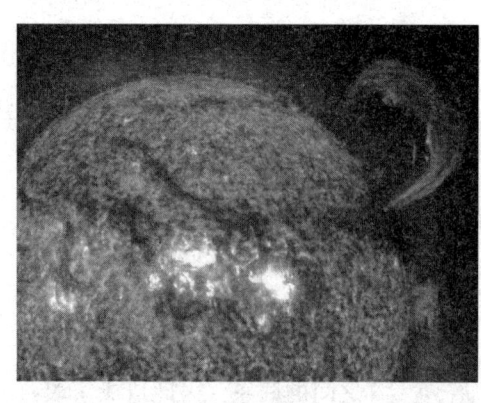
日　珥

地球上看去就显示暗黑的斑点。我国是世界历史上最早记载有太阳黑子变化的国家，从东汉元帝永光元年（前43年）起，即有记载，从公元以后直到明末共记载109次。极光的记录最早始于汉成帝建始元年（前32年）。根据中国科学院自然科学研究室的统计，从汉成帝建始元年到清咸丰三年（1853年），共计143次。

根据太阳黑子中铍的同位素变化推测出最近几个世纪太阳辐射的变化情况，太阳是地球最主要的外来能源，太阳活动不论长期或短期的变化，都能影响地球的气候。

在地球古代时期，太阳辐射只相当现在的70%，当时理论上地球不可能有液态水存在，但考古证明却相反，在冥古宙和太古宙时期，是太阳年轻时期，这种现象可能是因为当时地球的大气组成存在大量的温室气体，经过40亿年后，太阳辐射增强，地球的大气组成也变化了，主要是氧的成分

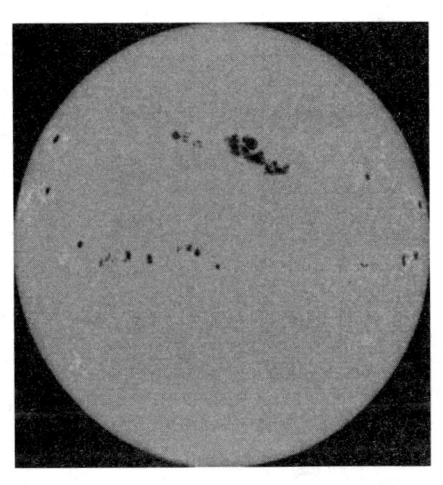

黑 子

迅速增加，不过如果太阳依照恒星的成长规律继续变化，辐射还会逐渐增加，还会对地球气候产生影响，太阳最终会形成红巨星，然后成为白矮星死亡，当太阳变成红巨星时，可能地球已经会被太阳吞噬而消亡。

但太阳短期的辐射变化，如11年一个周期的黑子活动变化，和更长一些的20多年辐射变化周期，也对地球气候有影响，11年的周期变化会对平流层的气温产生约1.5℃的影响，使高纬度更冷，低纬度更热。可能是由于赤道附近辐射增强，造成将平流层热风向对流层驱逐，根据1900~1950年气温变化的观察，也许这种变化是引发小冰河时期出现的原因。太阳辐射的变化，现在人类尚没有完全研究明白，这种变化是随着太阳的年龄也在变化，有的研究认为全球变暖和太阳的辐射变化也有关。

地球轨道变化

地球的轨道只要有轻微的变化，就会影响到太阳辐射在地球表面上的分

布，虽然对地球的年平均接受辐射量影响不大，但对地区性和季节性的辐射量可能有很大影响，地球的轨道有 3 种变化：运行轨道的椭圆度、地轴倾角和地轴的进动。3 种变化结合形成米兰科维奇循环，是地球产生冰河时期和间冰时期的主要原因，也是造成撒哈拉沙漠变迁和地层变迁的主要原因。

火山活动

火山活动是由于地球的地壳和地幔之间新陈代谢运动造成的，火山喷发会向大气喷出气体和火山尘，也会形成温泉。火山在历史上每个世纪平均都会发生几次喷发，都会影响几年的气候变化，火山尘会阻断太阳辐射，造成气温下降。1991 年的皮纳图博火山喷发，使得全球气温下降了大约 0.5℃，1815 年的坦博拉火山火山喷发，造成无夏之年。但相当大规模的火山喷发，每隔亿年只出现几次，但可能造成全球变暖和大规模的物种灭绝。

火山喷发还影响到碳循环，将地壳和地幔中的碳以二氧化碳的形式释放到大气中，然后又沉积到地层中。根据美国地质调查发现，人类活动造成二氧化碳的释放，相当火山活动的 130 倍。

洋流变化

海洋是气候系统的基础组成部分，短期几年或几十年内的涨落变化，如厄尔尼诺现象，太平洋、北大西洋、北冰洋的温度涨落，比大气温度更能代表气候变迁情况；从长期来说，海洋中的温盐环流是海洋深层的缓慢水流，对海洋中热量的重新分布起到了决定性的作用。

人为因素

从有人类活动以来，人类就开始影响气候。随着人类社会经济的发展，人类影响气候的规模和深度也不断发展。

在人类历史初期，人类还完全是气候的奴隶，人类活动完全受气候条件的限制，只能生活在温暖湿润的热带森林中。大约在进入石器时代之前，人类还处在自生自灭状态。进入石器时代以后，人类掌握了火，才开始增强对气候的适应能力。这个痛苦的过程，至少经历了 100 多万年。

以后，人类开始对周围的气候实行局部地有限地改造，衣着和房屋就是一个标志。往后，人们在农业和其他生产活动中，也开始局部地改变着气候。

产业革命以来，科学技术飞速发展，人们不但能在各种不同的自然气候条件下采取措施，取得人类适应的气候；而且能够在规模越来越大的局部范围内改造气候。人工控制天气也在发展着。随着人们认识水平的提高和技术能力的增长，人类主动规划环境、改造气候，把气候环境引向有利于人类的方向发展，已构成现代科学的一个重要特点。

从历史事实来看，人类有对气候有目的地主动积极地改造的方面，也有盲目地、消极被动地使气候恶化的方面。

运用衣着、房屋改造气候，是人类为了适应气候条件，而建立适合自己生存与生活环境的一种技术行为。共同的特点是：在大气候的背景条件下，建立起一种适合人类生存与生活的人工小气候环境，从而达到保温、御寒、防风的目的。不同点在于衣着是包装人体的气候壳，能够随着人体移动；能够随着天气气候变化增减衣服的厚度和层次；能够随着经济水平的差异使用不同的衣着材料，从而控制并调节小气候。房屋则不能移动：不能随意增减厚度和层次；不能随意变更建筑材料。房屋是固定的，只能依靠门窗局部调节，材料的选用，建筑结构和形式的设计，平面布局的安排，都是为了适应气候环境的一种优化选择。

改变地球表面形态，如植树造林、灌溉农田、干化沼泽、建造水库，也能够改变局部气候环境。植树造林可以挡风挡沙，保持土壤水分，改变空气湿度和温度。建造水库和进行灌溉虽然并不是直接为了改造气候，但是却起到减小气温年、日较差，提高最低温度和平均温度，增加湿度和降水量的作用。

从消极方面看，人类取得了自身的利益的同时，盲目垦荒、刀耕火种、破坏森林，造成水土流失，使气候恶化。因为森林是地球表面的重要保护层，它对地面水分和热量的保存、交换都有很大作用。据估计，500万亩森林的蓄水量，相当于1亿立方米的水库。在干旱地区的护田林带，能使空气相对湿度提高10%～15%，能使土壤含水量增加22～27毫米。这就是人们呼吁保护森林的气候意义。

人类活动的盲目性还表现在工业污染物的增加。工业发展的一个结果，就是废物、废水、废气和余热的大量排放，使土壤、水体和大气遭到严重污染。在极大程度上改变了大气成分，大气混浊度和热性质，从而导致气温和降水量等气候要素发生变化。

人类活动对大气成分的影响主要是工业温室气体的大量排放，具体表现在增加大气中二氧化碳、甲烷、氧化亚氮、氟利昂气体以及六氟化硫和硫化物气溶胶等。另一方面，还包括人口的增加以及城市化的影响。它们可能引起急剧的气候变化，已引起人们的广泛关注。大气中温室气体的增加会造成全球变暖，进而使极地冰盖融化，海平面上升；干旱、暴雨、洪涝等极端气候灾害事件层出不穷；二氧化硫和氮氧化物可以形成酸雨；氯氟碳化物气体能破坏大气臭氧层，造成南极臭氧洞和全球臭氧层的破坏；同时，氯氟碳化物类物质也是重要的温室气体，从而使全球自然地理环境发生变化。

人类活动会影响环境，有时人类活动对气候有着直接和不容置疑的影响，例如：灌溉就会改变当地的湿度，有时的影响则不那么明显。现代科学研究倾向于认为在最近几十年内，人类的活动致使全球气温迅速上升。因此人类应该尽量减少对气候影响的活动并设法消除已经造成的恶果。

其中人类对气候影响最大的因素，是因为燃烧化石燃料，制造水泥，排放了大量的 CO_2 和飘尘，此外还有土地利用、臭氧层破坏、畜牧业和农业活动、森林砍伐等，都会对气候有不同范围的影响，并成为气候变迁的因素。

地球气候史中多次暖期发生时，温室气体含量也较高。在未受到人为干预的情况下，大自然自有其一定的规律，地球上的生物想躲也躲不掉。然而，现代人类面临的问题是，过多的人造温室气体的排放，是否已经或即将破坏大自然的韵律，留给后代子孙一个毁灭的未来。

如果大气中的温室气体含量持续升高（这是不可避免的事实），科学家估计到 2100 年，全球平均气温将比 1990 年高出 0.9 ~ 3.5℃。其中，二氧化碳的温室效应大约占 70%，其他温室气体约占 30%。由于海洋热容量大，比较不容易增温，陆地的气温上升幅度将大于海洋，其中又以北半球高纬度地区上升幅度最大，因为北半球陆地较多。但是，北大西洋的气温不但不上升，反而下降。依据推估，二氧化碳浓度升高将使全球平均降水增加，尤其以冬季的高纬度地区最为明显。在低纬度地区，原本降水量就比较大的地区的降水量普遍增加，尤其是南亚与东南亚。全球平均气温上升，海水温度也上升，体积膨胀加上极区冰雪溶化，使得全球平均海平面逐渐上升，在 2100 年时将比 1990 年高出 38 ~ 56 厘米。海平面上升的主要原因是海水体积膨胀，格陵兰及南极洲冰川溶化的影响较小。海平面上升会给人类带来严重的灾难。我国的所有海滨地带，都在遭受灾害的范围内，主要受灾地区可能是华北平原、长江三角洲和珠江三角洲地区。21世纪全球气候变暖后怎么办呢? 已经引起各国政府和人民的关注。

 知识点

皮纳图博火山

皮纳图博火山,位于菲律宾吕宋岛,东经120.35°,北纬15.13°,海拔1486米。1991年前,皮纳图博火山并不知名,在当地没有人经历过火山喷发,也未发现关于该火山喷发的历史纪录记录。1991年6月15日的爆炸式大喷发是20世纪世界上最大的火山喷发之一,喷出了大量火山灰和火山碎屑流。火山喷发使山峰的高度大约降低了300米。

 ## 寻找气候变迁的证据

气候变迁的证据可以从各方面看出来,从19世纪中叶,就有全球大气温度变化的记录,再早的情况虽然没有直接的记录,但可以依据间接的来源确定,如植被分布、积冰层的研究、古树的年轮、海平面变化、冰川地质学等。

考古学研究

从古代人类分布、农业生产的方式、考古的发现、口头传说和历史文献中,可以发现历史上气候变迁的情况,气候变迁曾经造成多个文明的毁灭。

楼兰古国突然消亡至今仍是未解之谜,许多学者认为自然环境的变迁导致了楼兰文明被黄沙掩埋,气候因素是摧毁古楼兰文明的元凶。

早在2000多年前就已见诸文字的古楼兰王国,在丝绸之路上

楼 兰

作为中国、波斯、印度、叙利亚和罗马帝国之间的中转贸易站，当时曾是世界上最开放、最繁华的地方之一。然而，公元 500 年左右，它却突然从中国史册上神秘消失，成为难解之谜。古楼兰王国位于新疆塔里木盆地，曾是中西交通的枢纽，楼兰文明的突然灭绝给世人敲响了警钟。

冰　川

南极沃斯托克站冰层研究检测出过去 45 万年中二氧化碳、温度和尘埃变化情况。冰川能显现出气候变迁的明显证据，当气候变冷时，冰川范围扩大，气候变暖时冰川收缩。冰川的变化会将影响气候的因素放大，同时也对自然造成影响。20 世纪 70 年代，根据高空摄影，已经对全球的冰川情况完成详细的记录，记录了覆盖 24 万平方千米的大约 10 万个冰川，以前的估计全球冰川覆盖面积应该是约 44.5 万平方千米，世界冰川监测所每年收集冰川萎缩和物质平衡的数据，根据数据证实，全世界冰川在 20 世纪 20 年代和 70 年代是处于扩大状态，在 40 年代曾经萎缩，从 80 年代中期到现在又处于萎缩状态。物质平衡数据显示冰川物质已经连续 17 年处于消失状态。

20 世纪时阿尔卑斯山冰川变化图最重要的气候变迁是上新世中晚期（约 300 万年前）的冰河期和间冰期循环，最近的一次间冰期（全新世）已经延续了约 11700 年，表现在陆地的冰盖变化和海平面的涨落。

植　被

植被的变化也反映了气候的变迁情况，哪怕气候微小的变化，如果造成温度和降水增加，植物生长茂盛，会固定二氧化碳。如果气候急剧变化，会导致植物死亡和土地沙漠化。

植被与气候之间的相互作用主要表现在 2 个方面，植被对于气候的适应性与植被对于气候的反馈作用。植物生态学的观点认为：主要的植被类型表现着植物界对于主要气候类型的适应，每个气候类型或分区都有一套相应的植被类型。为此，气候—植被分类研究一直得到植物学、生态学、气候学、地理学等方面的高度重视。另一方面，不同的植被类型通过影响植被与大气之间的物质（如水、二氧化碳等）和能量（如太阳辐射、动量和热量等）交换来影响气候，改变的气候又通过大气与植被之间的物质和能量的交换作用对植被的生长产生影响，始终可能导致植被类型的变化，预测未来气候变化的大气环流模式。不同的植被类型对于大气环流和降水的影响非常明显，只有将动态的植被类型引入大气环流模式，才能提高大气环流模式对于该区域气候预测的准确性，从而更准确地评估气候变化对该区域陆地生态系统的影响。用于模拟植被与近地面层大气之间这种相互作用的模型是大气环流模式中的陆地表面模型。该模型模拟了土壤、植被、大气系统的能量、水分和动量通量。但是，现有的陆地表面模型是以研究区域给定的植被类型和土壤特征为基础，忽略了对气候系统有重要影响的植被类型的潜在变化，即只考虑了现实植被类型对气候系统的影响，没有反映气候的改变对植被类型的影响以及植被类型的改变对于气候产生的反馈作用，而且现有的大气环流模式都是基于全球植被类型分布图，对中国植被类型的描述非常粗糙，难以准确地预测中国的气候。

我国位于欧亚大陆东南部季风气候区，幅员辽阔，地形结构特别复杂，具有从寒温带到热带，从湿润到极端干旱的不同气候带（区）。以生物地理学为基础的植被气候区划图，基于植物的生态生理限制和资源限制来预测不同气候下的植物生活型植被类型，较好地模拟了中国植被现状。

该植被气候区划图是气候—植被分类模型模拟结果。此模型以多年月均温和月降水数据为基础，通过有关生态气候参数的转换，尽可能地考虑到热量与水分的季节性、有效性、累积性与临界值，以及一些特殊性（如高山条件）对植被类型与分布的决定性作用，使模拟的植被类型分布不仅适用于中国实际的植被分布情况，并可能全面地适应于计算模拟全球陆地的生物群区。

冰　层

对冰层钻探分析，例如对南极冰层的分析，可以发现大气温度和海平面的历史变化情况；对封冻在冰层气泡中的气体研究，也可以发现历史大气的二氧化碳含量变化情况；对研究古代和现代大气状态的区别提供了非常有价值的信息。

北极的冰层，反射80%的太阳光热量，能够稳定海洋温度维持低温。如果冰层融化不足够反射阳光，海洋就会升温，冰层加速度融化，后果将是灾难性的！

我们正居住在一个急速变暖的星球上。美国宇航局2007年12月卫星资料显示，北极冰层的厚度比以前减少了23%。航海资料则显示北极冰层比20

世纪 50 年代减少了 50%。其他破纪录资料显示，格林兰表面冰层融化的速度大于 15 年前的 4 倍；北极冰层表面温度是 77 年记录史上最高的。气候科学家齐瓦利博士预测：北极冰层将在 2012 年夏天融冰季节结束前完全融化。

树轮年代学

树轮年代学是根据树的年轮研究古代气候变迁的学科，宽的年轮证明当时气候湿润，适合植物生长，窄的年轮证明当时气候条件不好，不利于植物生长。

孢粉分析

孢粉学是研究当代和化石植物孢子和花粉的学科，根据孢粉化石可以分析古代植物种类的分布情况，不同种类的植物花粉形状、结构、表面状态都不同，花粉表面含有弹性物质，可以抵御腐蚀，在河流、湖泊、沼泽等不同时代的沉积层中发现的花粉化石，可以确定植物分布的变化情况，由此推测当地的气候条件变化。

昆 虫

在不同时期沉积物中经常发现昆虫的化石，研究昆虫种类的变化也可以推测当时气候条件的变化。

海平面变化

用检潮仪可以检测海平面的变化情况，现在常用高度计和人造卫星轨道结合测量海平面的变化，海平面的涨落是大气温度变化和冰川融化造成的。

季 风

季风，由于大陆和海洋在一年之中增热和冷却程度不同，在大陆和海洋之间大范围的、风向随季节有规律改变的风，称为季风。形成季风最根本的原因，是由于地球表面性质不同，热力反映有所差异引起的。由海陆分布、大气环流、大地形等因素造成的，以一年为周期的大范围的冬夏季节盛行风向相反的现象。

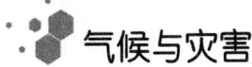

气候与灾害

人类影响气候，气候也影响人类。短时间的气候变化，特别极端的异常气候现象，如干旱、洪涝、冻害、冰雹、沙暴等，往往造成严重的自然灾害，足以给人类社会造成毁灭性的打击。比如，1943～1954年孟加拉地区的暴雨灾害，引起了20世纪最大的饥荒，饿死人口达300万～400万。1968～1973年非洲干旱是非洲人民的一次大灾难，使得乍得、尼日尔、埃塞俄比亚的牲口损失70%～90%，仅在埃塞俄比亚的沃洛省就饿死20万人。当然，这种打击往往是短暂的、局部的，虽然不至于影响生态系统，但是对人类造成的灾害却十分大。

长期的气候变化，即使变化比较缓慢，也会使生态系统发生本质性的改变，使生产布局和生产方式完全改变，从而影响人类社会的经济生活。

坏脾气"圣婴"——厄尔尼诺

"厄尔尼诺"一词来源于西班牙语，原意为"圣婴"。19世纪初，在南美洲的厄瓜多尔、秘鲁等西班牙语系的国家，渔民们发现，每隔几年，从10月至第二年的3月便会出现一股沿海岸南移的暖流，使表层海水温度明显升高。南美洲的太平洋东岸本来盛行的是秘鲁寒流，随着寒流移动的鱼群使秘鲁渔场成为世界四大渔场之一，但这股暖流一出现，性喜冷水的鱼类就会大量死亡，使渔民的收获遭受灭顶之灾。由于这种现象最严重时往往在圣诞节前后，于是，遭受天灾而又无可奈何的渔民将其称为上帝之子——圣婴。后来，在科学上此词语用于表示在秘鲁和厄瓜多尔附近几千千米的东太平洋海面温度的异常增暖现象。当这种现象发生时，大范围的海水温度可比常年高出3～6℃。太平洋广大水域的水温升高，改变了传统的赤道洋流和东南信风，导致全球性的气候反常。

厄尔尼诺现象的基本特征是太平洋沿岸的海面水温异常升高，海水水位上涨，并形成一股暖流向南流动。它使原属冷水域的太平洋东部水域变成暖水域，结果引起海啸和暴风骤雨，造成一些地区干旱，另一些地区又降雨过多的异常气候现象。

据历史记载，自 1950 年以来，世界上共发生 13 次厄尔尼诺现象。其中 1997 年发生的并且持续至今的这一次最为严重。主要表现在：从北半球到南半球，从非洲到拉美，气候变得古怪而不可思议，该凉爽的地方骄阳似火，温暖如春的季节突然下起来大雪，雨季到来却迟迟滴雨不下，正值旱季却洪水泛滥。

从 1997 年 3 月起，热带中、东太平洋海面出现异常增温，至 7 月，海面温度已超过以往任何时候，由此引起的气候变化已在一些地区显露出来。多种迹象表明，赤道东太平洋的冷水期已经结束，开始向暖水期转换。科学家们由此认为，新一轮厄尔尼诺现象开始形成，并持续到 1998 年。也正是从这一刻起，地球上的气候开始乱了套。

厄尔尼诺现象发生时，由于海温的异常增高，导致海洋上空大气层气温升高，破坏了大气环流原来正常的热量、水汽等分布的动态平衡。这一海气变化往往伴随着出现全球范围的灾害性天气：该冷不冷、该热不热，该天晴的地方洪涝成灾，该下雨的地方却烈日炎炎焦土遍地。一般来说，当厄尔尼诺现象出现时，赤道太平洋中东部地区降雨量会大大增加，造成洪涝灾害，而澳大利亚和印度尼西亚等太平洋西部地区则干旱无雨。据不完全统计，20 世纪出现的厄尔尼诺现象有 17 次（包括最新一轮 1997 ~ 1998 年的厄尔尼诺现象）。发生的季节并不固定，持续时间短的为半年，长的一两年。强度也不一样，1982 ~ 1983 年那次较强，持续时间长达 2 年之久，使得灾害频发，造成大约 1500 人死亡和至少 100 亿美元的财产损失。

"圣女"——拉尼娜

拉尼娜是指赤道太平洋东部和中部海面温度持续异常偏冷的现象（与厄尔尼诺现象正好相反），是气象和海洋界使用的一个新名词，意为"小女孩"，正好与意为"圣婴"的厄尔尼诺相反，也称为"反厄尔尼诺"或"冷事件"。

拉尼娜现象就是太平洋中东部海水异常变冷的情况。东信风将表面被太阳晒热的海水吹向太平洋西部，致使西部比东部海平面增高将近 60 厘米，西部海水温度增高，气压下降，潮湿空气积累形成台风和热带风暴，东部底层海水上翻，致使东太平洋海水变冷。

太平洋上空的大气环流叫做沃尔克环流，当沃尔克环流变弱时，海水吹不到西部，太平洋东部海水变暖，就是厄尔尼诺现象；但当沃尔克环流变得异常强烈，就产生拉尼娜现象。一般拉尼娜现象会随着厄尔尼诺现象而来，出现厄尔尼诺现象的第二年，都会出现拉尼娜现象，有时拉尼娜现象会持续两三年。1988～1989年，1998～2001年都发生了强烈的拉尼娜现象，1995～1996年发生的拉尼娜现象较弱。

但从1950年以来的记录来看，厄尔尼诺发生频率要高于拉尼娜。拉尼娜现象在当前全球气候变暖背景下频率趋缓，强度趋于变弱。特别是在20世纪90年代，1991～1995年曾连续发生了3次厄尔尼诺，但中间没有发生拉尼娜。

拉尼娜常发生于厄尔尼诺之后，但也不是每次都这样。厄尔尼诺与拉尼娜相互转变需要大约4年的时间。

中国海洋学家认为，中国在1998年遭受的特大洪涝灾害，是由"厄尔尼诺—拉尼娜现象"和长江流域生态恶化两大成因共同引起的。中国海洋学家和气象学家注意到，1998年在热带太平洋上出现的厄尔尼诺现象（我国附近海洋变冷）已在1个月内转变为1次拉尼娜现象（我国附近海水变暖）。这种从未有过的情况是长江流域降雨暴增的原因之一。这次厄尔尼诺使中国的气候也十分异常，1998年6～7月，江南、华南降雨频繁，长江流域、两湖盆地均出现严重洪涝，一些江河的水位长时间超过警戒水位，两广及云南部分地区雨量也偏多50%以上，华北和东北局部地区也出现涝情。拉尼娜也会造成气候异常。一般来说，由厄尔尼诺造成的大范围暖湿空气移动到北半球较高纬度后，遭遇北方冷空气，冷暖交换，形成降雨量增多。但到6月后，夏季到来，雨带北移，长江流域汛期应该结束。但这时拉尼娜出现了，南方空气变冷下沉，已经北移的暖湿流就退回填补真空。事实上，副热带高压在7月10日已到北纬30°，又突然南退到北纬18°，这种现象历史上从未见过。

2007年上半年我国气候呈现出多样化趋势，气候专家经过研究分析，初步认为拉尼娜现象是影响我国上半年气候的主要原因。

国家气候中心研究专家认为，在拉尼娜现象影响下，赤道东太平洋水温偏低，东亚经向环流异常，造成入春以后我国北方地区偏北气流盛行，而东南暖湿气流相对较弱。于是，北方强寒潮大风频繁出现，而降雨量却持续偏少，气温也居高不下。

谈到沙尘暴出现的原因，专家认为，沙尘暴的形成及其规模取决于环境、气候两大因素，从环境上讲，日益严重的荒漠化问题不容忽视。但"无风不

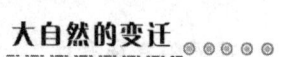
起浪"，从气候上讲，北方地区如果气温回升较快，偏高幅度达2～3℃，造成土壤解冻时间提前，干土层大量出现。这时，雨季尚未来临，在拉尼娜现象影响下，北方地区连续出现大风天气，土借风势，沙尘暴随即形成。

地球强大的自然力——海啸

海啸是一种具有强大破坏力的海浪。水下地震、火山爆发或水下塌陷和滑坡等大地活动都可能引起海啸。当地震发生于海底，因震波的动力而引起海水剧烈的起伏，形成强大的波浪，向前推进，将沿海地带一一淹没的灾害，称之为海啸。

海啸在许多西方语言中称为"tsunami"，词源自日语"津波"，即"港边的波浪"（"津"即"港"）。这也显示出了日本是一个经常遭受海啸袭击的国家。目前，人类对地震、火山、海啸等突如其来的灾变，只能通过观察、预测来预防或减少它们所造成的损失，但还不能阻止它们的发生。

海　啸

海啸通常由震源在海底下50千米以内、里氏地震规模6.5级以上的海底地震引起。海啸波长比海洋的最大深度还要大，在海底附近传播也没受多大阻滞，不管海洋深度如何，波都可以传播过去，海啸在海洋的传播速度大约500～1000千米/时，而相邻两个浪头的距离也可能远达500～650千米，当海啸波进入陆棚后，由于深度变浅，波高突然增大，它的这种波浪运动所卷起的海涛，波高可达数十米，并形成"水墙"。

由地震引起的波动与海面上的海浪不同，一般海浪只在一定深度的水层波动，而地震所引起的水体波动是从海面到海底整个水层的起伏。此外，海底火山爆发、土崩及人为的水底核爆也能造成海啸。此外，陨石撞击也会造成海啸，"水墙"可达30余米高。而且陨石造成的海啸在任何水域也有机会发生，不一定在地震带。不过陨石造成的海啸可能千年才会发生一次。

海啸同风产生的浪或潮是有很大差异的。微风吹过海洋，泛起相对较短的波浪，相应产生的水流仅限于浅层水体。猛烈的大风能够在辽阔的海洋卷起高度 3 米以上的海浪，但也不能撼动深处的水。而潮汐每天席卷全球 2 次，它产生的海流跟海啸一样能深入海洋底部，但是海啸并非由月亮或太阳的引力引起，它由海下地震推动所产生，或由火山爆发、陨星撞击或水下滑坡所产生。海啸波浪在深海的速度能够超过 700 千米/时，可轻松地与波音 747 飞机保持同步。虽然速度快，但在深水中海啸并不危险，低于几米的一次单个波浪在开阔的海洋中其长度可超过 750 千米这种作用产生的海表倾斜如此之细微，以致这种波浪通常在深水中不经意间就过去了。海啸是静悄悄地不知不觉地通过海洋，然而如果出乎意料地在浅水中它会达到灾难性的高度。

地震发生时，海底地层发生断裂，部分地层出现猛然上升或者下沉，由此造成从海底到海面的整个水层发生剧烈"抖动"。这种"抖动"与平常所见到的海浪大不一样。海浪一般只在海面附近起伏，涉及的深度不大，波动的振幅随水深衰减很快。地震引起的海水"抖动"则是从海底到海面整个水体的波动，其中所含的能量惊人。

海啸时掀起的狂涛骇浪，高度可达 10 多米至几十米，形成"水墙"。另外，海啸波长很大，可以传播几千千米而能量损失很小。由于以上原因，如果海啸到达岸边，"水墙"就会冲上陆地，对人类生命和财产造成严重威胁。

海洋杀手——热带风暴

热带风暴是发生于热带洋面上的巨大空气漩涡，它急速旋转像个陀螺，美洲人叫它"飓风"，澳洲称它"威力威力"，气象学上则称它为"热带气旋"或"热带风暴"。热带风暴每年在全世界造成的损失高达 60 亿~70 亿美元，它所引发的风暴潮、暴雨、洪水、暴风所造成的生命损失占所有自然灾害的 60%。

濒临中国的西北太平洋，是世界上最不平静的海洋，属于自然灾害的"重灾区"。每年盛夏和初秋，中国东南沿海一带，经常遭受热带风暴的侵袭。其中造成灾害的热带风暴每年近 20 次，相当于美国的 4 倍，俄罗斯的 30 倍。热带风暴是我国沿海地区危害程度最严重的灾害性天气。

热带风暴发源于热带洋面。因为那里温度高、湿度大，又热又湿的空气大量上升到高空，凝结成雨，并释放出大量热能，再次加热了洋面的空气；洋面又蒸发出大量水汽，上升到高空。这样往返循环，便渐渐形成了一个中

心气压很低，大量空气向低压区汇集的气旋中心。

热带风暴高度一般在 9 千米以上。热带风暴最大风速一般为 40 ~ 60 米/秒以上，个别强热带风暴可达 110 米/秒。一次热带风暴过程，降雨量可达 200 ~ 300 毫米，有时高达 1000 毫米。因此热带风暴经过之处常常出现狂风暴雨，并引起洪涝灾害。发生在 1975 年的第 3 号热带风暴，使中国东部 10 多个省份出现暴雨洪水。河南省受灾最严重，暴雨中心恰好位于两座水库上游，导致水库溃坝，高达 10 多米的水舌像巨龙一样倾泻，大量农田、村舍被淹，京广铁路被冲毁 100 余千米，造成很大的人畜伤亡。

近年来，中国在海洋灾害的研究和预测方面已进入了国际先进行列，沿海岸边和岛屿已建成 280 个验潮站，成为世界上监测站网分布密度最高的国家之一，并且多次成功地发布了强风暴潮警报，对防灾抗灾起到了重要作用。

无情的旱灾

旱灾指因气候严酷或不正常的干旱而形成的气象灾害。一般指因土壤水分不足，农作物水分平衡遭到破坏而减产或歉收从而带来粮食问题，甚至引发饥荒。同时，旱灾亦可令人类及动物因缺乏足够的饮用水而致死。

此外，旱灾后则容易发生蝗灾，进而引发更严重的饥荒，导致社会动荡。土壤水分不足，不能满足牧草等农作物生长的需要，造成较大的减产或绝产的灾害。旱灾是普遍性的自然灾害，不仅农业受灾，严重的还影响到工业生产、城市供水和生态环境。中国通常将农作物生长期内因缺水而影响正常生长称为受旱，受旱减产 30% 以上称为成灾。经常发生旱灾的地区称为易旱地区。

自然界的干旱是否造成灾害，受多种因素影响，对农业生产的危害程度则取决于人为措施。世界范围各国防止干旱的主要措施是：①兴修水利，发展农田灌溉事业；②改进耕作制度，改变作物构成，选育耐旱品种，充分利用有限的降雨；③植树造林，改善区域气候，减少蒸发，降低干旱风的危害；④研究应用现代技术和节水措施，例如人工降雨、喷滴灌、地膜覆盖、保墒，以及暂时利用质量较差的水源，包括劣质地下水以至海水等。

当洪水泛滥成灾——涝灾

什么是涝灾？涝灾就是由于本地降水过多，地面径流不能及时排除，农田积水超过作物耐淹能力，造成农业减产的灾害。造成农作物减产的原因是，积水深度过大，时间过长，使土壤中的空气相继排出，造成作物根部氧气不足，根系部呼吸困难，并产生乙醇等有毒有害物质，从而影响作物生长，甚至造成作物死亡。

涝灾的分类：

洪涝：洪涝灾害可分为洪水、涝害、湿害。

洪水：大雨、暴雨引起山洪暴发、河水泛滥、淹没农田、毁坏农业设施等。

涝害：雨水过多或过于集中或返浆水过多造成农田积水成灾。

湿害：洪水、涝害过后排水不良，使土壤水分长期处于饱和状态，作物根系缺氧而成灾。

洪涝灾害：主要发生在长江、黄河、淮河、海河的中下游地区。

洪涝灾害：四季都可能发生。

春涝：主要发生在华南、长江中下游、沿海地区。

夏涝：我国的主要涝害，主要发生在长江流域、东南沿海、黄淮平原。

秋涝：多为台风雨造成，主要发生在东南沿海和华南。

洪涝灾害具有双重属性，既有自然属性，又有社会经济经济属性。它的形成必须具备2个方面条件：①自然条件。洪水是形成洪水灾害的直接原因。只有当洪水自然变异强度达到一定标准，才可能出现灾害。主要影响因素有地理位置、气候条件和地形地势。②社会经济条件。只有当洪水发生在有人类活动的地方才能成灾。受洪水威胁最大的地区往往是江河中下游地区，而中下游地区因其水源丰富、土地平坦又常常是经济发达地区。

从洪涝灾害的发生机制来看，洪涝具有明显的季节性、区域性和可重复性。如我国长江中下游地区的洪涝几乎全部都发生在夏季，并且成因也基本上相同，而在黄河流域则有不同的特点。

同时，洪涝灾害具有很大的破坏性和普遍性。洪涝灾害不仅对社会有害，甚至能够严重危害相邻流域，造成水系变迁。并且，在不同地区均有可能发生洪涝灾害，包括山区、滨海、河流入海口、河流中下游以及冰川周边地区等。

洪涝仍具有可防御性。人类不可能彻底根治洪水灾害，但通过各种努力，可以尽可能地缩小灾害的影响。

积雪成灾

1. 雪灾的概述

雪 灾

雪灾亦称白灾，是因长时间大量降雪造成大范围积雪成灾的自然现象。它会严重影响甚至破坏交通、通讯、输电线路等生命线工程，对人民的生命安全和生活造成威胁。雪灾主要发生在稳定积雪地区和不稳定积雪山区，偶尔出现在瞬时积雪地区。中国牧区的雪灾主要发生在内蒙古草原、西北和青藏高原的部分地区。根据我国雪灾的形成条件、分布范围和表现形式，将雪灾分为 3 种类型：雪崩、风吹雪灾害（风雪流）和牧区雪灾。

2. 积雪的类型及影响

雪灾是由积雪引起的灾害。根据积雪稳定程度，将我国积雪分为 5 种类型：

（1）永久积雪：降雪积累量大于当年消融量，积雪终年不化；

（2）稳定积雪（连续积雪）：空间分布和积雪时间（60 天以上）都比较连续的季节性积雪；

（3）不稳定积雪（不连续积雪）：虽然每年都有降雪，而且气温较低，但在空间上积雪不连续，多呈斑状分布，在时间上积雪日数 10 ~ 60 天，且时断时续；

（4）瞬间积雪：主要发生在华南、西南地区，这些地区平均气温较高，但在季风特别强盛的年份，因寒潮或强冷空气侵袭，发生大范围降雪，但很快消融，使地表出现短时（一般不超过 10 天）积雪；

（5）无积雪：除个别海拔高的山岭外，多年无降雪。雪灾主要发行在稳定积雪地区和不稳定积雪山区，偶尔出现在瞬时积雪地区。

积雪对牧草的越冬保温可起到积极的防御作用，旱季融雪可增加土壤水分，促进牧草返青生长。积雪又是缺水或无水冬春草场的主要水源，解决人畜的饮水问题。但是雪量过大，积雪过深，持续时间过长，则造成牲畜吃草困难，甚至无法放牧，而形成雪灾。

3. 雪灾的规律

雪灾发生的时段，冬雪一般始于10月，春雪一般终于4月。危害较重的，一般是秋末冬初大雪形成的所谓"坐冬雪"。

牧区雪灾规律：根据调查材料分析，我国草原牧区大雪灾大致有10年一遇的规律。至于一般性的雪灾，其出现次数就更为频繁了。据统计，西藏牧区大致2～3年一次，青海牧区也大致如此。新疆牧区，因各地气候、地理差异较大，雪灾出现频率差别也大，阿尔泰山区、准噶尔西部山区、北疆沿天山一带和南疆西部山区的冬牧场和春秋牧场，雪灾频率达50%～70%，即在10年内有5～7年出现雪灾。其他地区在30%以下。雪灾高发区，也往往是雪灾严重区，如阿勒泰和富蕴两地区，雪灾频率高达70%，重雪灾高达50%。反之，雪灾频率低的地区往往是雪灾较轻的地区，如温泉地区雪灾出现频率仅为5%，且属轻度雪灾。但不管哪个牧区大雪灾都很少有连年发生的现象。

雪 崩

雪崩，当山坡积雪内部的内聚力抗拒不了它所受到的重力拉引时，便向下滑动，引起大量雪体崩塌，人们把这种自然现象称为雪崩。也有的地方把它叫做"雪塌方""雪流沙"或"推山雪"。同时，它还能引起山体滑坡、山崩和泥石流等可怕的自然现象。因此，雪崩被人们列为积雪山区的一种严重自然灾害。

动物进化历程

现知全世界约有 150 多万种动物，归纳为单细胞的原生动物和多细胞的后生动物两大类。科学家们通过对古代生物遗留下来的遗体、遗迹——化石的研究，基本上摸清了生物的演变过程。现存动物是从古代动物发展来的，它们除具有从共同祖先保留下来的特征外，还发展了其祖先所没有的、适应新的生存条件的特征。不仅在成年动物，而且在其一生的不同时期都可能发生新的进化变异。动物界的各种类群都是从共同祖先单细胞生物演化而来的。如果我们可以回到遥远的古代，从动物诞生的那一刻开始参观，我们会发现，动物其实是人类的近亲，人类与动物之间有着极其亲密的关系。我们可以这样理解，地球是一个大家园，因为有所有的动物，地球才不会失衡。人类发展很快，在我们建设美好家园的同时应该给动物们留下生存的空间。

动物进化小结

美丽的地球，生机勃勃，气象万千，到处都栖息着数不胜数、各式各样的动物。有的飞翔于蓝天，有的遨游于深海，有的出没于密林，有的奔驰于原野、沙漠，有的定居在银装素裹的南北两极……

大约距今 50 亿年前，地球就诞生了。起初，它是一个炽热的火球，根本就没有生命。经过漫长的年代，地球温度下降了，才开始出现生命。

科学工作者通过长期的地质和生物考察，发现生物是不断进化的。动物的进化是从简单到复杂，从低级到高级，从水生到陆生，一步一步地演变来的。开始出现的是最低等的原生动物，它们都是单细胞的，大都生活在水里。以后慢慢变成多细胞腔肠动物，还不能离开水。后来演变为环节动物和节肢动物，一类比一类复杂。环节动物身体开始分节，但没有附肢，只能蠕动，不能爬行。再经过漫长时期的进化，逐渐变为节肢动物，不但身体分节，还有带节的附肢，运动很敏捷，有了适应干燥环境的能力。但那还是无脊椎动物，只是在距今几亿年前，才出现海生脊椎动物。从鱼类到两栖类、爬行类、鸟类和哺乳类，其构造是一类比一类更复杂，生活习性由水生登上陆地，生理机能也发生了一系列的变化。

人们从脊椎动物身上，也找到了动物进化的证据。比如鸟的翼，蝙蝠的皮膜，鲸鱼的鳍，从外形上和功能上看，都很不相同，但是，通过解剖，比较它们的内部构造，却基本上一致。前肢的骨骼，都有肱骨、前臂骨、腕骨、掌骨和指骨，说明它们的祖先是共同的。后来由于生活环境变了，才发生了不同的演变，鸟和蝙蝠的前肢变成了飞翔器官，鲸鱼的前肢变成了游泳器官。

动物的进化，有一定的内因与外因，是按照一定的方向演变的。动物机体的遗传与变异是进化的内因，起决定作用，客观环境则是演变进化必不可少的条件。比如家鸡是由原鸡变来的，家鸡保持了原鸡的某些特性，这是遗传。但产蛋量增多，体重加大，这与原鸡又不相同，这就是变异。这种变异是要经过长期选择的，包括人工选择和自然选择。人们需要产蛋多、体重大的鸡，就把这种鸡保存下来，把产蛋少、体重轻的鸡杀掉，这样一代一代地进行定向选择，选育了优良的鸡种。同时，动物生活在自然界里，必须同自然作斗争。在斗争中，胜利者就生存下来，失败者就被自然淘汰了，这就是自然选择。动物在自然界，就是这样经过不断的斗争、适应，才不断进化和完善，形成了种类繁多的动物世界。

地球上自出现哺乳类动物以来，不断繁衍与进化，部分物种逐步演化出能集各类哺乳动物综合性之优点的动物类型，这就是灵长类动物。它们先后经历了树居生活和穴居生活的不同生存环境，并在树居生活中建立以半直立式的生存形态，又从站、坐、趴、侧、仰的睡眠姿势里，逐步选择了以侧睡和仰睡这两种睡眠姿势为主，逐步实现从原来的四肢行走形态向两肢行走形式过渡。这一过渡变化过程，就是灵长类动物某些分支逐步进化成为人类的过程。

灵长类动物有猴类和猿类两大分支。猴类动物是猿类动物的过渡物种。随着不断进化，又从猿类分出类人猿和猿人两种类型。它们都是能直立行走的动物，它们大部分都能利用简单工具来进行求生存活动。但简单工具的出现并不能作为猿与人类的区分，它们还处于形成人类的萌芽状态，是今后进化形成人类的过渡性物种。自从它们能懂得自种食物和自养动物的主动求生存方式的出现，就标志着原始人类的诞生和原始社会的逐步形成，正由于原始人类先后出现了语言和文字，人类可以进行信息沟通，文明成果得以保存下来，并以一代传一代地传播发展，人类的文明社会才能得到实现。

究竟人类是多少年前在地球上出现的，至今还说不出一个肯定的数字，但进入第四纪后，人类才开始发展起来，这是毫无疑问的。

早在 3000 多万年前，地球上就已出现了一种高级的哺乳动物古猿。这些古猿本来在森林中生活，成天在树上攀援，但是由于环境变化，有一部分古猿下了地，而且学会直立行走，手脚分化，视野变得开阔，头脑也发达，终于能够制造工具和说话，进化成了人。这种转变现在一般都认为是在第四纪完成的。

第四纪时，几次出现了世界范围的气温降低，造成一些地区终年为冰雪所封冻，冰川掩盖的陆地面积，最大时曾达 5200 万平方千米，比现在要大 3 倍多。

人类的祖先为了得到赖以生存和发展的条件，经过难以想象的艰苦历程，终于克服了环境改变带来的困难，走出了一条从只能适应环境到自发改造环境的新路。

在云南省元谋，找到了 150 万~180 万年前的猿人化石，同时发现了少量石器和用火的痕迹。约在 50 万年前，生活在今天的周口店一带的猿人，更已能造出大批石器和骨器，留下了许多用火的遗迹。到几万年前，那时人的形象便和今天的人接近了。

除了人以外，任何其他生物对自然界的影响都是无目的的，只有人才使自己的行为成为有意识的活动。人的有目的的改造环境的作用，将愈来愈显现出巨大的威力。

人类的时代同地球历史上的"朝代"相比，只能说是刚刚开始。人类在地球上出现的时间很短，人类具有现在这样强大的力量，为时更晚。

没有得到科学技术武装的人，在大自然面前是软弱无力的。而近代科学技术和大工业的兴起，不过 200 多年。如果把地球比做千岁老人，那么人仅仅是在不到半小时以前才获得了从知识转化来的巨大力量。科学技术的发展，使从前需要许多人花费很长时间才能做到的事情，现在只需要少许人花费较短时间就能完成。最初出现的蒸汽机，顶得上几匹马干活，而现代的火箭发动机，则顶得上 1000 亿匹马干活。

如果仅把人力作为一种自然力和其他自然力相比，那么，人力是微小的。但是，只要人掌握科学技术便能驾驭自然力，并使之为人类造福。移山填海，上天入地，现在都已不是神话而是现实了。

节肢动物门

节肢动物门，是动物界最大的一门，通称节肢动物，包括人们熟知的虾、蟹、蜘蛛、蚊、蝇、蜈蚣以及已绝灭的三叶虫等。全世界约有 110～120 万现存种，占整个现生物种数的 75－80％。节肢动物生活环境极其广泛，无论是海水、淡水、土壤、空中都有它们的踪迹。有些种类还寄生在其他动物的体内或体外。

动物之祖——无脊椎动物

无脊椎动物，是背侧没有脊柱的动物，其种类数占动物总种类数的 95％。它们是动物的原始形式，是动物界中除原生动物界和脊椎动物亚门以外全部门类的通称。

一切无脊柱的动物，占现存动物的 90％ 以上。分布于世界各地，在体形上，小至原生动物，大至庞然巨物的鱿鱼。一般身体柔软，无坚硬的能附着肌肉的内骨骼，但常有坚硬的外骨骼（如大部分软体动物、甲壳动物及昆虫），用以附着肌肉及保护身体。除了没有脊椎这一点外，无脊椎动物内部并没有多少共同之处。无脊椎动物这个分类学名词以前用于与脊椎动物（该词至今仍为一个亚门的名称）相对，但在现代分类法上已经不用。

地球上无脊椎动物的出现至少早于脊椎动物 1 亿年。大多数无脊椎动物

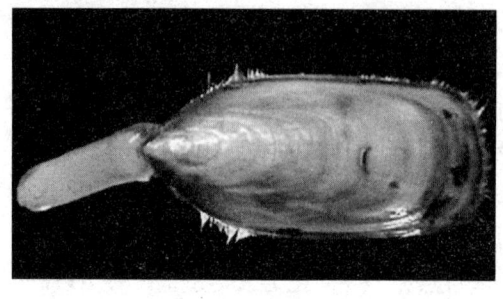

海豆芽

化石见于古生代寒武纪，当时已有节肢动物的三叶虫及腕足动物。随后发展了古头足类及古棘皮动物的种类。到古生代末期，古老类型的生物大规模绝灭。中生代还存在软体动物的古老类型（如菊石），到末期即逐渐绝灭；软体动物现代属、种大量出现，到新生代演化成现代类型众多的无脊椎动物；而在古生代盛极一时的腕足动物至今只残存少数代表，如海豆芽。

无脊椎动物笔石是奥陶纪最奇异而特殊的类群，自早奥陶世开始，即已兴盛繁育，广泛分布，有的固着，有的匍匐，有的游移，有的漂浮。奥陶纪的笔石主要是正笔石目的科属，如对笔石、叶笔石、四笔石、栅笔石等。

笔 石

三叶虫是节肢动物的一种，全身分为头、胸、尾3节，又有1条凸起的中轴贯穿在头尾之间，横看竖看都可分出3个部分。在它的身上长有甲壳，起保护作用。三叶虫一般长约数厘米，这在当时是个儿大的动物，它们大多栖息在海底，也有少数钻到泥沙中居住或在水里漂游。

在动物分类学上，三叶虫属于脊椎动物门、三叶虫纲。它们生活在远古的海洋中，主要出现在寒武纪，到寒武纪晚期时发展到顶点。此后，三叶虫从极盛的高峰走向衰退，延续到二叠纪末期时绝灭，没有进入中生代。三叶虫在整个古生代3亿多年的漫长地质历程中生生不息，繁衍出了众多的类群和巨大的数量，总计有1500多个属，1万多个种，其中发现于我国的有大约500个属。

三叶虫的形状大多为卵圆形或椭圆形，个体大小相差却很悬殊。发现于葡萄牙奥陶纪地层中的乌拉裂肋虫是最大的三叶虫之一，长达70厘米。而古盘虫、球接子之类的微小三叶虫却只有不到 6 毫米。常见的三叶虫一般长度都在 3～10 厘米，宽度在 1～3 厘米。超过 20 厘米的就算大型的了。在我国昆明寒武纪早期地层中曾经发现过长度为 30 厘米的莱得利基虫。

三叶虫

三叶虫化石广泛地分布在世界各地，因而对划分地层非常重要。但同时，许多三叶虫的属种又具有地方性特色，因而它们又对划分当时的海域分区，进而恢复当时的生物地理区系具有重要意义。

三叶虫生活的年代距今虽然遥远，但是科学家对它的形态、构造等特征的了解是相当充分的，主要的原因有以下几点：①三叶虫身体表面披有坚固的甲壳，在个体发育过程中经历多次脱壳生长，所以它们在地层中遗留下的化石数量比其他生物要多；②寒武纪海洋中很少有比三叶虫更大、更凶暴的动物和它生活在一起，因此它们能够迅速繁衍，广泛分布；③三叶虫化石大多保存在质地细致的石灰岩或页岩中，因此，不仅外壳的特征能够被观察得很清楚，而且有时其内部构造也能被看得很清晰。

三叶虫的主要特征表现在它的背壳构造，其头部中央有 1 个突起的"头鞍"，可能是安置脑的处所。头鞍的表面有的光滑无饰，有的瘤斑点缀，还有的具有为数不等的横沟。这些横沟被称为"头鞍沟"。头鞍两侧，一般有成对的眼睛。沿眼睛的前后有一条沟，称为"面线"，这是三叶虫成长过程中借以脱壳钻出身体的地方。头部腹面的前端有 1 对分节的触须，既是行动器官，又是感觉器官。触须的后面是摄食的口，通常盖着"唇瓣"。口两侧有许多细小而分节的行动器官——附肢，附肢上有细密的纤毛，大概可以起到呼吸的作用。

三叶虫的胸部分节，多者达十几节，少者只分 2 节。各节之间以覆瓦状（即像房顶的瓦片一样一片覆叠在另一片的上面）关联起来，便于卷曲活动。三叶虫腹面两侧有为数众多的分节附肢，附肢上具有纤毛，因此这些附肢也肩负行动和呼吸之用。三叶虫的尾部和胸部一样，纵向上分为中轴及其两侧的肋叶部，其形态多样；尾部的边缘有的带刺，有的不带刺。

三叶虫的生活习性是多种多样的，化石中最多的一类是保存在石灰岩或页岩中，可见当时它们大多生活在浅海底或游移于淤泥之上。它们有的稍能游泳，有的随水漂流。志留纪中期的齿虫类，整个身体几乎被密密的长刺包围，这些长刺对于它们在水里游泳来说是一种强有力的推进器，因此可以推测它们是游泳的能手；同时，这些长刺也是抵御天敌的有效武器。这种类型的三叶虫主要是出现于奥陶纪到泥盆纪时期，当时与它共生的鹦鹉螺类、板足鲎类和鱼类都是三叶虫的劲敌，如果三叶虫不增强它的游泳能力和御敌的武器，它们怎样在那个竞争激烈的环境中继续生存繁衍呢？

奥陶纪的某些三叶虫，如宝石虫、斜视虫、隐头虫等还发展了卷曲的能力，它们的头部和尾部可以完全紧接在一起，仅将背部的硬壳暴露在外；它们还可以钻进淤泥以保护其柔软的腹部器官，这样，一方面便于御敌，另一方面也可以以类似于尺蠖那样的伸曲的方式推动身体前进。

对于三叶虫的个体发育过程，科学家通常是通过采集同一层位中同一种个体的不同生长阶段的标本来研究的。三叶虫的个体发育，大致划分为3个时期——幼年期、中年期和成年期：①幼年期虫体头部和尾部尚不分明，也没有胸节，直径大约为0.24~1.3毫米。②中年期虫体头部和尾部已经分开，胸节也已经发育，但是节数比成年期少1节。③成年期虫体的胸部与尾部节数增加到了极限，虫体增大，壳上的刺、瘤等附加物均出现了。

三叶虫自从在寒武纪早期出现以后，在整个系统演化中各部主要构造特点也逐渐发生相应的变化，这些变化规律主要有下列几方面：①头鞍形态的变化。寒武纪早期的原始三叶虫的头鞍形态多为长圆锥形，凸起也不显著。往后到了寒武纪中期以后，头鞍逐渐缩短，两侧趋向平行，成为圆柱形，甚至有的成为了球形。到了寒武纪晚期及以后的三叶虫，甚至头鞍与其两侧的颊部分界也不清楚了。②面线后支所在位置的变化。早期三叶虫的面线后支（即眼睛之后的那段面线）终点常与头部的后边缘或两颊角相交；往后到了奥陶纪以后的类型，则常与头部的两旁侧缘上相交。③眼的变化。某些三叶虫的眼睛，早期是新月形的，随后逐渐变小，最后消失。另一类复眼比较发达的三叶虫，眼睛则由小变大，最后会出现眼柄，眼睛则长在高高耸起的眼柄顶端上。志留纪的许多三叶虫就属于这一类。④身体周围长刺的变化。寒武纪和奥陶纪的三叶虫很少长刺，而志留纪及其以后的类型长刺较为多见，而且刺比以前的也更加复杂。⑤胸节由多变少，尾部由小变大，头鞍上的横沟由多到少等等趋势也在许多类型的三叶虫中显示出来。

寒武纪后期，是三叶虫鼎盛的时期，到奥陶纪时，三叶虫的数量仍不少，但海中已出现了比它更厉害的动物。这种动物是一种软体动物，它有锥状的硬壳，在锥体开阔的一端，即它的头部，长有环状的触手，用它捕捉食物和爬行、游泳。它们的个儿大，一般长达几十厘米，行动迅速，口腔坚硬，因此三叶虫不是它们的对手，这些软体动物是章鱼、乌贼的远亲，但大部已绝灭了，只是在岩层中留下了它们的一些锥形硬壳变成的化石，这种化石被称作"角石"，而其中被称为"鹦鹉螺"的这一种，居然还见之于今天的海洋里。

震旦纪时，藻类植物大发展，给海洋增添了新的色彩。此时，海洋中还生活着单细胞生物和一些多细胞动物，如海绵、腔肠动物等。

微小的单细胞就是所有动物和植物的开始。它们的形状和现在的藻类以及细菌很相似，在以后漫长的进化过程中，单细胞逐渐演化成大得多的生物，例如水母；再后来，又产生了带有硬壳的动物。

海 绵

生命在海洋中产生，在海洋中发展壮大。在 4 亿多年前的志留纪，水域中的生物千姿百态，热闹非凡，植物已发展到大海藻，动物发展到低等的脊椎动物鱼类。而陆地上的生命却十分罕见，几乎到处是荒山秃岭，一片荒凉。末期，由于地壳剧烈运动，地球表面普遍出现了海退现象，不少水域变成了陆地，有的海底崛起了高山。沧海巨变，对水中的生物产生了巨大的影响。

棘皮动物门

棘皮动物门，是动物的一个门，包括一些古老的海洋动物？这个门从寒武纪出现，总共有20000多种类。现存的7000埋种分为6纲。棘皮动物是后口动物。它们的原肠胚孔形成肛门，而口部梢后来形成的。它们有特殊的五体对称柴管结构。由于棘皮动物的胚胎形成方堃和脊索动物一样，所以它们虽然看起来原始，但蝶际上是包括人在内的脊索动物的近亲？刚出生的棘皮动物是两边对称的。戟长期间，左边增大而右边缩小，直到叠边被完全吸收了，然后这一边长成五催辐形对称形状。

脊椎动物之祖——鱼类

鱼类的起源

鱼类是最古老的脊椎动物。它们几乎栖居于地球上所有的水生环境——从淡水的湖泊、河流到咸水的大海和大洋。

在三叶虫之后，在地球上占统治地位的是属于脊椎动物的鱼类。早在奥陶纪的海洋中，一种外形似鱼，头部无上下颌骨，身上披有骨质甲片的"甲胄鱼"已经出现；到了志留纪晚期，真正的鱼类登场了。到了泥盆纪，鱼类进入繁殖盛期，一时地球上成了鱼类的世界。

据文献记载，鱼最初发现于距今 4 亿年的奥陶纪地层，但所得到的那时鱼类的化石是不完整的，一直到了志留纪晚期，才完整地获取了关于化石及早期脊椎动物关系的概念。泥盆纪时，各种古今鱼均已出现。泥盆纪时代既可谓是鱼的初生年代，也是鱼的极盛时代，当时，由于其他的脊椎动物还不多，所以有人把泥盆纪称为"鱼的时代"。到了新生代，各群鱼类十分繁多，成为脊椎动物中最大的类群，为鱼类的发展史中的全盛时代。

从泥盆纪所取得的化石分析，古代鱼类可分为 4 大类：无颌类、盾皮类、软骨鱼类及硬骨鱼类。无颌类动物在志留纪及泥盆纪中最多，被公认为最早的脊椎动物，化石的无颌类的身体几乎被厚硬骨板及硬的东西包被，故称为甲胄鱼类。盾皮鱼类是最早的有颌类，它们在泥盆纪时盛极一时，但到了末期则大部分绝灭。有人认为软骨鱼类及硬骨鱼类是由盾皮

总鳍鱼

类沿两个方向演变而来，但至今仍无证据证实。软骨鱼类被认为是最"原始"的鱼类，但一般认为软骨鱼类与硬骨鱼类是两支平行发展的分支。最早的硬骨鱼类是古鳕类，再由此演变现存的绝大多数的硬骨鱼类。硬骨鱼类中的内鼻孔鱼类的典型原始类型代表是双鳍鱼与和骨鳞鱼，后者是最早的泥盆纪的总鳍鱼类。而总鳍鱼类又被认为是最早的两栖类的直接祖先。

1938 年 12 月 22 日，有人在非洲东南沿岸捕到一条大鱼，其身长 1.5 米，重 58 千克，后经专家研究与确认，认为这条鱼应属总鳍目的一个新的科，至此，人们终于把已绝迹的鱼找了回来，后来此鱼被命名为拉蒂迈鱼（即矛尾鱼）。矛尾鱼这种活化石的出现给了我们很大的启示。大家都知道，人类是经过漫长的历程进化而来的；鱼类上陆进化为两栖类，然后完全脱离水域进化为陆地是的爬行类和哺乳类，最后才进化为人类。具体地说，总鳍鱼类分为 2 支，其中一支（骨鳞鱼类）脱离了水域，逐步进化为人；另一支比较保守（空棘鱼类），始终没有离开水。现在的矛尾鱼类就是后者的后代。矛尾鱼这种活化石为我们提供许多无法从化石材料中获取的情况。

鱼类的进化

鱼类，作为地球上最古老的脊椎动物的一个类群，其漫长的演化历史一直是众多的生物学家感兴趣的问题。鱼类的出现，标志着从低等、原始的无脊椎动物向脊椎动物进化的一个质的飞跃；鱼类的发展、演化又提出了脊椎动物进化的明显谱系。一切高等动物，两栖类、爬行类、鸟类、哺乳类，甚至我们人类自身都是在此基础上发展而来的。

研究古生物通常以化石材料为根据。科学家通过放射性同位素来测定岩石的绝对年龄，并划分成不同的地质年代。这些地质年代中保存下来的古生物，记录了当时的环境条件和生物信息，经过千万年的沉积，形成化石，成为研究地质历史和生物进化史的根据。

鱼类的化石并不十分丰富，但它们依然能够展示出古今各种鱼类发生、发展的过程。最早的鱼类化石沉积在寒武纪和奥陶纪的岩石里，距今已有大约 4 亿年的历史了。通过对岩石的研究，人们知道这种最早的鱼类生活在咸水环境里，或者说是生活在海洋中，它们的身体外面披有铠甲一样坚硬的外骨骼。这些原始的鱼类浑身布满了硬甲、具有扁平的前背甲。由于它们没有颌，所以被称为无颌类。它们可以说是最古老的鱼类，因为穿了甲胄，它们不能游泳，只能生活在水底沉积物中。应该说，它们是一群不会游泳的鱼类。无颌类的内骨骼没有被保存下来，所以科学家们推测它们具有软骨骼，像现在我们见到的软骨鱼类鲨鱼和鳃鱼一样。

大量完整的无颌类化石是在泥盆纪找到的，泥盆纪可算是鱼类初生时代。中生代的侏罗纪和白垩纪（距今约1.3亿~1.6亿年），是鱼类中兴时代。新生代时，各种古今鱼类共存于海洋和地球上的其他水域，鱼类家庭达到全盛。

在无颌鱼类的基础上，最早的有颌鱼类也发展了。最初的颌是由几个硬骨鳃弓改造过来的。鳃弓最初埋在肌肉里，在进化过程中，颌与头部背甲融为一体，从而形成了一个更坚固、更有效率的进食器官——咀嚼器。

盾皮鱼

原始有颌类也称作盾皮鱼，它们在泥盆纪盛极一时，但到泥盆纪末已大部灭绝了，一般认为，软骨鱼类和硬骨鱼类都是由盾皮鱼演化来的，它们分别朝不同的方向发展，但尚未找到十分清楚的证据证明这个推论。一些盾皮鱼仍具有扁平的身体，像它们的祖先一样；但是大多数都变成流线型，甲胄也减少了，这种变化使它们获得了很强的游泳能力。软骨鱼类也脱去了沉重的甲胄（但仍有背板的痕迹），发展出更加强劲有力的适于游泳的肌肉组织。有些科学家认为，软骨鱼类是"原始"鱼类，但它们是否真正比硬骨鱼原始，还有待证实。

有关脊椎动物颌的发生与进化的研究，是从19世纪进行的胚胎学研究开始的，它揭示了进化中的一个重要过程。颌的出现，说明动物的某个新的重要的特征的出现，可以使一个类群的生活领域扩大到以往不能生活的地区。这以后，鱼类得到了迅速扩展，成为今日最普遍的游泳生物类群。

硬骨鱼最初生活在淡水里，后来逐渐向海洋伸展，终于成为海洋鱼类的优势类群。在进化过程中，它们产生了内部硬骨骼，把僵硬的甲胄变成了薄薄的鳞片，从而使动作敏捷灵活，提高了运动速度。

硬骨鱼有2个类群，其中辐鳍鱼类在数量和种类上都大大超过另一种鱼——内鼻孔鱼类。内鼻孔鱼类包括一些形态和构造都很特殊的原始种类，它们具有内鼻孔构造，可以把嘴闭上而并不影响呼吸。内鼻孔鱼类今天能见到的只有肺鱼和矛尾鱼。矛尾鱼隶属空棘目腔棘纲，它被誉为活化石，在1938年以前一直被科学家们认为是已经灭绝了的种类。第一尾矛尾鱼是1938年被一名渔民在非洲东南海岸捕到的，这一发现轰动世界。以后又陆续捕到，证实这一古老鱼类仍生活在现代的海洋里。腔棘鱼的重要特征是，鳍呈叶状，具有肌肉，并有相连的辐棘，从而使一些鱼可以在陆地上爬行。它们与两栖类有密切的亲缘关系。人们认为两栖类就是由它们演化而来的。

圆口类很像鱼，但缺乏成对的胸、腹鳍，特别是嘴巴上没有上下颌，所以又叫"无颌类"。古代的无颌类，都是些体外披着硬骨片的"甲胄鱼"。古代的无颌类，从奥陶纪出现以后，在志留纪很繁盛。但因为无颌，生活方式落后，仅能以流入口内的水中夹杂的食物为食，所以在生存斗争中，它们敌不过新兴的有颌鱼类而日趋衰落了。

真掌鳍鱼

真掌鳍鱼：生活在距今4亿年前的泥盆纪。是一种淡水鱼类，以水生动物为食。体表有鳞，并有供呼吸用的内鼻孔和鳔。头骨构造、牙齿的类型以及肉鳍骨骼的排列方式，都同早期的两栖动物相似。距今3.6亿年前地球气候变化，使许多湖泊干涸或水质变坏。它们就靠内鼻孔、鳔和肉鳍的优势，慢慢爬上了陆地，经过漫长而艰难的历程，在连续不断的世代演变中，它们逐渐变成了两栖动物。

矛尾鱼

矛尾鱼，腔棘鱼目矛尾鱼科的惟一种，是惟一现生的总鳍鱼类。矛尾鱼一般生活在200～400米深的海水中。一旦离开这黑暗、低温的环境，它就不能生活很久。在200米以下的深海区域，一片漆黑，眼睛自然就失去了作用。它平常吃小鱼，靠感受器捕食。肉食性，以冲刺方式捕食，专吃乌贼和鱼类。

进军陆地的两栖动物

从志留纪中期开始，全世界许多被海水淹没的地区，都发生了地壳升高为陆的变化；一些地区地壳比较平稳地大面积升高，海水慢慢地退却；还有一些地带，地壳剧烈地褶皱，逐渐形成绵亘的山脉，这就是所谓的造山运动。在志留纪晚期，我国南部和北欧等地，都有造山运动发生。到了泥盆纪，陆地的范围更为扩大，虽然其间也有海水漫上大陆的时候。

从海到陆的变化，促使原来在海里生活的生物向陆地上转移。

动物登上陆地比植物要晚，但在泥盆纪时也开始有了原始的两栖类。到了石炭、二叠纪时，地球上变成了两栖类的天下。

两栖动物，第一种呼吸空气的陆生脊椎动物，由化石可以推断，它们出现在3.6亿年前的泥盆纪后期，直接由鱼类演化而来。这些动物的出现代表了从水生到陆生的过渡期。两栖动物生命的初期有鳃，当成长为成虫时逐渐演变为肺。两栖动物的字源来自希腊文，这是因为两栖类可以同时生活在陆上和水中。

作为第一批登陆的脊椎动物，两栖动物有着最长的发展历史，但是关于两栖动物起源和演化的历史，现在仍然不很明确。

最早的两栖动物是出现于古生代泥盆纪晚期的鱼石螈和棘鱼石螈，它们拥有较多鱼类的特征，如尚保留有尾鳍，并且未能很好地适应陆地的生活。鱼石螈和棘鱼石螈代表鱼类和两栖动物之间的过渡类型，但是新近的研究表明它们只是两栖动物早期进化的一个旁支，不是其他两栖动物的祖先类型，真正最原始的两栖动物尚待发现。进入石炭纪后，两栖动物迅速分化，并在古生代的最后2个纪石炭纪和二叠纪达到极盛，这个时代也因此称为两栖动物时代。这个时期的两栖动物多种多样，适应不同的生存环境，有些相当适应陆地生活，有些则又回到了水中，有些大型的种类可以长到4~8米长，习性颇似现代的鳄鱼，还有不少相貌奇特的种类。与现在的两栖动物不同，这些早期的两栖动物身上多具有鳞甲。在古生代结束后，大多数原始两栖动物灭绝，只有少数延续了下来，而新型的两栖动物则开始出现。

鱼石螈和棘鱼石螈的牙齿有类似总鳍鱼的迷路，被归入两栖动物纲的迷齿亚纲。鱼石螈和棘鱼石螈组成了迷齿亚纲的鱼石螈目，鱼石螈目自泥盆纪晚期出现后延续到了石炭纪早期，而在石炭纪早期迷齿亚纲的另外 2 个目也已经出现。迷齿亚纲的这 2 个目分别代表两栖动物的主干类型和两栖动物中向着爬行动物进化的类型。离片椎目是两栖动物的主干类型，在石炭纪和二叠纪时遍布世界各地，而在古生代结束时离片椎目的一些成员仍然繁盛了一段时间，是原始两栖动物中唯一延续到中生代的代表，有些甚至到中生代后期才灭绝，这些中生代的迷齿类分布广泛，体型巨大，如三叠纪的乳齿螈，头骨长

蚓螈

度就超过 1 米，主要生活在水中。向着爬行动物进化的类型是石炭螈目，主要发现于欧洲和北美，一直不很繁盛。石炭螈目中最著名的当属二叠纪的蚓螈，蚓螈同时具有两栖动物和爬行动物的特征，对于其到底是两栖动物还是爬行动物曾经有争议，直到发现了蚓螈的蝌蚪才确认其是两栖动物。因为蚓螈生活的时代要晚于最早的爬行动物，所以不可能是爬行动物的祖先，而爬行动物的祖先尚待发现。另一类与爬行动物非常相似的两栖动物是阔齿龙类，它们曾经被置于爬行动物的杯龙类，后来发现世界上是两栖动物。

在石炭纪和二叠纪还曾经生存着一类牙齿没有迷路的原始两栖动物，被归为壳椎亚纲。壳椎类多体型较小，非常特化，其中包括一些相貌奇特的成员，如二叠纪的笠头螈有着独特的三角形的头。古生代结束时壳椎类全部灭绝，是否留下了后代尚不明确。

尾蛙

进入中生代后，现代类型的两栖动物开始出现。现代类型的两栖动物身上光滑而没有鳞甲，皮肤裸露而湿润，布满黏液腺，被归入滑体亚纲。这种皮肤可以起到呼吸的作用，有些两栖动物甚至没有肺而只靠皮肤呼吸。最早的滑体两栖类是三叠纪的原蛙类，如三叠尾蛙，与现代的蛙有些类似，但是有短的尾。有尾目和无足

目出现得晚些，有尾目出现于侏罗纪，而无足目到了新生代初期才有可靠的记录，不过无足目特征比较原始，可能更早便已起源。现代两栖动物的起源现在没有定论，有人认为无尾目起源于迷齿类而有尾目和无足目起源于壳椎类，也有人认为三者的共性很多，有着共同的起源。

蝌蚪

两栖动物是最原始的陆生脊椎动物，既有适应陆地生活的新的性状，又有从鱼类祖先继承下来的适应水生生活的性状。多数两栖动物需要在水中产卵，发育过程中有变态，幼体（蝌蚪）接近鱼类，而成体可以在陆地生活，但是有些两栖动物进行胎生或卵胎生，不需要产卵，有些从卵中孵化出来几乎就已经完成了变态，还有些终生保持幼体的形态。

知识点

变 态

变态，在有些动物的个体发育中，其形态和构造上经历阶段性剧烈变化：有些器官退化消失，有些得到改造，有些新发生出来，从而结束幼虫期，建成成体结构。这种现象统称为变态。大多数无脊椎动物门类中都有进行变态的种类，在脊椎动物中变态仅见于鱼类和两栖类。通过变态，不仅动物成体形态建立，同时其生理特性、行为、活动方式和生态表现都与幼虫期有显著差别。

称霸陆地的爬行动物

爬行动物的起源

大约在 3.5 亿年以前，有些长肺的总鳍鱼上了陆地。爬上岸来的总鳍鱼，

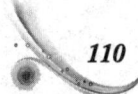

逐渐进化成为陆地上的生物，成为原始的两栖类动物。当然，并不是所有水中的脊椎动物都能登陆，总鳍鱼具备了这种登陆条件，它们有肺，还长有和腿差不多的肉质鳍。

中生代初期的恐龙，虽然也有爬行的种类，但是仍以直立用两脚步行者居多。

第一批由总鳍鱼进化而来的原始两栖动物，生活并不容易。它们要承受比水中浮力大好几倍的地球引力。同时这些陆地上的新客并不能完全脱离水面生存。生殖时，要到水中去产卵。它们的幼体往往在水中生活，吃水中的小虫和小鱼。

又经过了几千万年之后，有些古代的两栖动物也灭绝了，只在地球的温带地方，留下了它们的后裔，主要是青蛙、癞蛤蟆和蝾螈之类。这时，遗传的突变和自然的选择再一次创造了进化的奇迹，有些两栖动物生下的卵，外面包有一层皮质硬壳，这就比鱼类和其他大多数的两栖动物的卵保护的更完善了，并且它们还可离开水进行生殖，进化了的卵则是在体内受精的，不受干旱和来自陆地各种危险的影响。从这种两栖动物进化而来的动物就成为爬行动物。它们逐渐繁盛起来，并开始统治地球。

爬行动物可分为 4 大类，其中有一类叫下孔类（即似哺乳爬行动物，或兽形爬行动物），它们在爬行动物才开始建立起来不久，早在晚石炭世时就分化出来了，成为独特的一支，朝着哺乳动物方向发展。因此，有人认为爬行动物在根本上就是 2 个支系：①兽孔类，即上述的似哺乳爬行动物一支，它们是从两栖动物壳

恐 龙

椎类的小鲵类起源的（经过原始爬行动物大鼻龙形类）；②包括除上述兽孔类外的其他一切爬行动物，叫蜥孔类，它们是从两栖动物的迷齿类起源的。这是一种双源论。

另一双源论认为龟鳖类的构造特殊，和其他许多爬行动物都不相同，应与其亲属成为单独的一支，叫副爬行动物；而其他爬行动物为另一支，合称

真爬行动物。这两支分别起源于两栖动物的蜥螈形类的不同祖先。

但是，还是单源论比较易于被人接受。可能爬行动物在它们起源后不久，很快便分化辐射，成为几类不同的支系，以致人们误认为它们是双源或多源的。

那么，谁是爬行动物的单源祖先呢？有人认为两栖迷齿类的石炭螈类很可能与爬行动物的祖先有关，特别是石炭螈类中的蜥螈形类，更是探索爬行动物起源的焦点。虽然，蜥螈形类中的具体属蜥螈本身不可能是爬行动物的祖先，但该类中的其他一些原始属类未尝不可能是爬行动物的真正近祖。进而，蜥螈形类这一词是被用来包括形态上（并不是系统上）和蜥螈近似的许多类别，它既包括二叠纪的蜥螈，也包括石炭纪的一些原始类型。蜥螈可能只是爬行动物在两栖类中祖先类型的孑遗，而蜥螈形类中石炭纪的某些原始属类，应该是爬行动物祖先的近亲。

显然，爬行动物的两栖类祖先应该是身体结构比较轻巧、不特化的小动物，生活在晚石炭世早期或更早一些时候。

爬行动物的进化

爬行动物统治地球，是中生代一大特征。那时的爬行动物，大都躯体庞大，形象恐怖，人们使用了传说中的"龙"来称呼它们。一时在陆地上爬的有恐龙，在海里游的有鱼龙、蛇颈龙，在天上飞的有飞龙、翼龙，地球上成了"龙的世界"。

恐龙之所以是给人们印象特别突出的一类爬行动物，这是因为大多数恐龙的躯体巨大，有的体长 20～30 米，体重 40～50 吨。其实恐龙也并非都那样大，也有小的。不过，那些小的被人们忽略了。一提到恐龙，人们就想到那些巨大的可怕的形象。

侏罗纪是恐龙的鼎盛时期，在三叠纪出现并开始发展的恐龙已迅速成为地球的统治者。各类恐龙济济一堂，构成一幅千姿百态的龙的世界。当时除了陆上的身体巨大的雷龙、梁龙等，水中的鱼龙和飞行的翼龙等也大量发展和进化。

爬行类（或称爬虫类）是一类属于四足总纲的羊膜动物，分类上的层级为纲，较新的命名是蜥形纲。现存的爬行类包含 4 个目，鳄目包含鳄鱼、长吻鳄、短吻鳄以及凯门鳄等 23 个种。

爬行动物是第一批真正摆脱对水的依赖而真正征服陆地脊椎动物，可以适应各种不同的陆地生活环境。爬行动物也是统治陆地时间最长的动物，其主宰地球的中生代也是整个地球生物史上最引人注目的时代，那个时代，爬行动物不仅是陆地上的绝对统治者，还统治着海洋和天空，地球上没有任何一类其他生物有过如此辉煌的历史。现在虽然已经不再是爬行动物的时代，大多数爬行动物的类群已经灭绝，只有少数幸存下来，但是就种类来说，爬行动物仍然是非常繁盛的一群，其种类仅次于鸟类而排在陆地脊椎动物的第二位。爬行动物现在到底有多少种很难说清，各家的统计数字可能相差千种，新的种类还在不断被鉴定出来，大体来说，爬行动物现在应该有接近8000种。由于摆脱了对水的依赖，爬行动物的分布受温度影响较大而受湿度影响较少，现存的爬行动物除南极洲外均有分布，大多数分布于热带、亚热带地区，在温带和寒带地区则很少，只有少数种类可到达北极圈附近或分布于高山上，而在热带地区，无论湿润地区还是较干燥地区，种类都很丰富。

林蜥最早期的爬行动物，出现于石炭纪晚期，约3.2亿~3.1亿年前，演化自迷齿亚纲的爬行形类。林蜥是已知最古老的爬行动物，身长约20~30厘米，化石发现于加拿大的新斯科细亚省。西洛仙蜥曾被认为是最早的爬行动物，但目前被认为较接近于两栖类，而非羊膜动物。油页岩蜥与中龙都为最早期的爬行动物之一。最早期的爬行动物生存于石

林 蜥

炭纪晚期的沼泽森林，但体型小于同时期的迷齿螈类，例如原水蝎螈。石炭纪末期的小型冰河期，使得早期爬行动物有机会成长至较大的体型。

在最早的爬行动物出现后不久，出现了2个演化支，一个是无孔亚纲。无孔亚纲拥有坚硬的头颅骨，没有颞颥孔，仅有与鼻孔、眼睛、脊椎相对应的洞孔。乌龟被认为是目前仅存的无孔动物，因为它们拥有相同的头颅骨特征；但最近有些科学家认为乌龟是返祖遗传到原始的状态，以增加它们的保护能力。

另一群演化支是双孔亚纲，头颅骨上有2个颞颥孔，位于眼睛后方。双

孔动物进一步分化为 2 个支系：①鳞龙类包含现代蜥蜴、蛇、喙头蜥，可能还有中生代的已灭绝海生爬行动物；②主龙类包含现代鳄鱼与鸟类，以及已灭绝的翼龙目与恐龙。

而最早期、具坚硬头颅骨的羊膜动物也演化出另一独立的演化支，称为单孔亚纲。合弓动物的眼睛后方有 1 对窝孔，可减轻头颅骨重量，并提供颌部肌肉附着点，增加咬合力。单孔亚纲最后演化为哺乳类，因此被称为似哺乳爬行动物。单孔亚纲过去为爬行纲的一个亚纲，但目前为个别的合弓纲。

在石炭纪末期，合弓类、爬行类动物成为陆地优势动物。迷齿螈类、爬行形类仍然生存水边，而合弓类盘龙目首先演化至较大的体型，例如基龙与异齿龙。在二叠纪中期，气候多次变迁，造成生态系统的改变，兽孔目取代盘龙目，成为陆地优势动物。

无孔类爬行动物繁盛于二叠纪。其中，锯齿龙类也演化出较大的体型。大部分无孔类爬行动物在二叠纪—三叠纪灭绝事件中灭绝，龟鳖类可能是它们的后代。

翼 龙

在二叠纪时期，双孔类爬行动物并不繁盛、体型小。但在二叠纪末期演化出 2 个演化支：主龙形下纲、鳞龙形下纲，最后演化出大部分的现存爬行动物。

二叠纪末期的二叠纪—三叠纪灭绝事件，造成合弓类动物、无孔类爬行动物的大量灭绝，而主龙形下纲成为陆地优势动物。早期主龙类已具有直立的四足步态，在短期内演化出多种演化支：恐龙、翼龙目、鳄形超目以及其他三叠纪的主龙类。其中，恐龙是三叠纪后期到白垩纪末期的陆地优势动物群。因此中生代有时被戏称为"恐龙时代"、"爬行动物时代"。在侏罗纪中期，兽脚亚目恐龙演化出许多有羽毛恐龙，更进一步演化出鸟类。

相对于主龙形下纲，鳞龙形下纲则可能演化出多群海生爬行动物：楯齿龙目、幻龙目、蛇颈龙目、沧龙科；鱼龙类可能演化自更原始的双孔类爬行动物。鳞龙形下纲也演化出多种陆栖小型爬行动物，例如喙头蜥、蜥蜴、蛇、蚓蜥。

在恐龙的竞争压力下，兽孔目演化出体型小、高代谢率的物种，并在侏罗纪晚期演化出哺乳动物。

白垩纪末期的灭绝事件，使恐龙、翼龙目、大部分海生爬行动物、大部分鳄形类灭绝，而鸟类、哺乳动物在新生代再次繁盛、多样化，因此新生代被戏称为"哺乳动物时代"。只有龟鳖类、喙头蜥、蜥蜴、蛇、蚓蜥、鳄鱼继续存活到现代，主要生存于热带与副热带地区。现存爬行动物大约有8200个种，其中半数属于蛇。

蛇

白垩纪大灭绝

白垩纪大灭绝，又称第五次生物大灭绝，第五次物种大灭绝，恐龙大灭绝距今6500万年前白垩纪末期，是地球史上第二大生物大灭绝事件，约75%——80%的物种灭绝。在五次大灭绝中，这一次大灭绝事件最为著名，因长达14000万年之久的恐龙时代在此终结而闻名，海洋中的菊石类也一同消失。其最大贡献在于消灭了地球上处于霸主地位的恐龙及其同类，并为哺乳动物及人类的最后登场提供了契机。

向天空进军的鸟类

鸟类可能是由侏罗纪蜥龙类进化而来。最早的鸟类表现出与恐龙中的虚古龙有明显的相似性。鸟类在白垩纪得到了很大的发展，到新生代开始，已与现代鸟类的结构无明显差别。可以推测，大约在2亿年前，从旧大陆的一

支古爬行类动物进化成鸟类，逐渐随着鸟类的繁盛而扩展到新大陆。在适应于多变环境条件的同时，鸟类发生了对不同生活方式的适应辐射。鸟类是由古爬行类进化而来的一支适应飞翔生活的高等脊椎动物。它们的形态结构除许多同爬行类外，也有很多不同之处。这些不同之处一方面是在爬行类的基础上有了较大的发展，具一系列比爬行类高级的进步性特征。如有高而恒定的体温，完善的双循环体系，发达的神经系统和感觉器官以及与此联系的各种复杂行为等；另一方面为适应飞翔生活而又有较多的特化，如体呈流线型，体表被羽毛，前肢特化成翼，骨骼坚固、轻便而多有合，具气囊和肺，气囊是供应鸟类在飞行时有足够氧气的构造。气囊的收缩和扩张跟翼的动作协调。两翼举起，气囊扩张，外界空气一部分进入肺里进行气体交换。另外大部分空气迅速地经过肺直接进入气囊，未进行气体交换，气囊就把大量含氧多的空气暂时贮存起来。两翼下垂，气囊收缩，气囊里的空气经过肺再一次进行气体交换，最后排出体外。这样，鸟类每呼吸1次，空气在肺里进行2次气体交换，可见，气囊没有气体交换的作用，它的功能是贮存空气，协助肺完成呼吸作用。气囊还有减轻身体比重，散发热量，调节体温等作用。这一系列的特征，使鸟类具有很强的飞翔能力，能进行特殊的飞行运动。

鸟类的起源

最早的鸟是怎样来呢？树有根，水有源，同样，鸟类也有它的起源。和其他生物的发展和进程相类似，鸟类也是由低级到高级，由简单到复杂，由原始到现代，经过漫长的过程发展进化而来的。

科学研究表明，鸟类起源于距今1.5亿年前的原始爬行类动物。脊椎动物进化的主干是从鱼类、两栖类、爬行类到哺乳类，最后出现人类。鸟类在地球上出现的时间比哺乳类还要晚一点，它是由中生代爬行类分化出来，并向空中发展的一个特殊分支。在漫长的演化过程中产生了一系列适应于飞翔生活的形态结构和生理机能。

1861年在德国巴伐利亚地区板石采石场的石灰岩中发现第一具有羽毛古鸟化石骨架，它的上下颌有牙齿；头骨如同蜥蜴，有1条由20多节尾椎骨组成的长尾巴；前肢有3只细长的指骨等。这些都说明它与爬行类极为相似。然而，它已具有羽毛，爬行类是没有羽毛的，只有鸟类才有羽毛。显然，这具化石骨架已不是爬行动物而是鸟类了。这具带羽毛的骨架化石被英国自然博物馆收购，后来命名始祖鸟。这具最早被人类发现的标本，至今还保存在英国，成了历史的见证。

始祖鸟出现在 1.4 亿年前的中生代晚侏罗纪，是目前发现最早的鸟类。其身体与乌鸦差不多大小，它既像爬行类，又有鸟类的特征。始祖鸟飞行能力很差，可能主要是滑翔。始祖鸟是如何从陆生的祖先那里获得飞翔能力的呢？一般有 2 种解释：①是从奔跑开始的。在奔跑时，它可能振动带有羽毛的前肢来加快速度，以致"快跑如飞"。②鸟类的祖先是树栖的，它凭借带羽毛前肢的帮助，经常在树木和地面之间上下滑翔，日久天长，由于翅膀的不断强化完善，最后获得飞翔能力。

始祖鸟的发现意义非常重大，是人类探索鸟类起源的重大成果，也是人类研究生物进化发展道路上的里程碑。它有力地支持了 1859 年达尔文发表的名著《物种起源》，有力地证明了鸟类确是起源于爬行类，是由爬行类演化而来。

始祖鸟

由爬行类进化而来的鸟类，经过亿万年漫长的历史变迁、演化和发展，由少数低级的种类逐渐形成许多复杂、高级的种类。它们在体形、羽毛颜色以及生活习性等方面都发生了极大而多种多样的变化。它们的种类和数量，在脊椎动物中仅次于鱼类。它们的分布遍及全球，长年冰天雪地的北极边缘、世界最高的喜马拉雅山、茫茫无际的海洋、深山丛林、不见天日的山洞、荒无人烟的沙漠以及人口稠密的城市，几乎世界上每一个角落都能发现鸟类的踪影。

鸟类的进化

鸟类是从原始的爬行动物中的初龙类亚纲的槽齿类的蜥龙分出来的一支旁系；年代大概是在三叠纪中期。

这时候的鸟叫做古鸟亚纲，主要的代表有原鸟和始祖鸟。

始祖鸟一般认为是起源于三叠纪中后期，但是现在发现的标本基本上都

原 鸟

是侏罗纪的（1.5亿年前），具有羽毛原鸟起源于晚三叠纪（2.25亿年前），已经具有羽毛，所以算是鸟类了，但是很多特征还是和蜥龙里面的秃顶龙很像。始祖鸟要比原鸟原始点，不过两者是分开进化的（就是说不是一个进化成另一个），现在倾向于后来的鸟是由原鸟进化来的。

到了白垩纪，上述的古鸟亚纲已经灭绝，进化出来了今鸟亚纲。

其中，已经灭绝了的齿颌总目还具有牙齿，基本上是水生的，有黄昏鸟属和浸水鸟属等到了第三纪开始，基本出现了突胸总目的，就是我们看到的这些鸟了；随后进化出了平胸总目的鸵鸟和企鹅总目。

《物种起源》

《物种起源》，是达尔文论述生物进化的重要著作，出版于1859年11月24日。该书大概是19世纪最具争议的著作，其中的观点大多数为当今的科学界普遍接受。在该书中，达尔文首次提出了进化论的观点。他使用自己在1830年代环球科学考察中积累的资料，达尔文试图证明物种的演化是通过自然选择（天择）和人工选择（人择）的方式实现的。

动物史的高级进化——哺乳动物

哺乳动物的起源

早在三叠纪晚期，就在恐龙刚刚登上进化舞台的同时，一群在当时并不

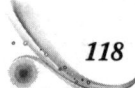

起眼的小动物从兽孔目爬行动物当中的兽齿类里分化出来。它们有点"生不逢时"，因为在随后从侏罗纪到白垩纪长达1亿多年的漫长岁月里，它们一直生活在以恐龙为主的爬行动物的巨大压力下，在夹缝里求生存。直到白垩纪之末，当恐龙等在中生代异常适应的爬行动物发生了大灭绝之后，它们才得以在随后的新生代中顽强地崛起并成为新生代地球的主宰。它们就是哺乳动物，它们最终能够从夹缝里崛起的原因则是它们已经具备了一系列进步的特征，如鸭嘴兽。

从晚三叠纪开始，哺乳动物在整个中生代经历了艰难而不屈不挠的发展过程，分化出始兽亚纲、异兽亚纲和兽亚纲3大类。其中，始兽亚纲包括柱齿兽目、三尖齿兽目2类；异兽亚纲仅有1目，即多瘤齿兽目；兽亚纲包括3个次亚纲，即祖兽次亚纲、后兽次亚纲和真兽次亚纲。

英国南威尔士三叠纪地层中发现的大量原始哺乳动物化石骨骼是地球上最早的哺乳动物的代表，古生物学家把它们命名为摩尔根兽，归在始兽亚纲、柱齿兽目中。

鸭嘴兽

摩尔根兽体形娇小，纤细的下颌显然属于哺乳动物类型——由单一的齿骨组成，而不是向爬行动物那样由齿骨和关节骨等好几块骨骼组成。不过，摩尔根兽的下颌内侧有1条沟，其中依然保留了一点点关节骨的残余，这使我们想到它起源于爬行动物。摩尔根兽比起后来的哺乳动物更加原始的特征之一，就是它们的下颌与头骨之间的连接还是双关节型，这一点与最后的似哺乳爬行动物双节颌兽有些类似，但是二者在哪个关节起主要作用上已经不同了。

摩尔根兽的牙齿是哺乳动物类型的，有小的门齿，单个的、大而锐利的犬齿，以及有2个齿根、上表面有许多齿尖的前臼齿和臼齿。这些齿尖沿着牙齿的中轴或多或少地排列在一条线上。

随后时代中经过"漫漫长夜"发展起来的整个哺乳动物大家族，都是在

摩尔根兽这样的身体特征的基础上一步步分化、演变出来的。从这个意义上说，摩尔根兽代表了包括我们人类在内的整个哺乳动物大家族的祖先类型。

哺乳动物的演化

在爬行动物退位后，代之而起的是哺乳类动物，还有鸟类。一些四足有蹄、以吃植物为生的兽类繁殖起来，食肉类动物因有了食料也随之发展起来了；地球上的生物，渐渐演变成为今天的状况，人类登上地球这个舞台的条件成熟了，地球的历史也随之进入了一个崭新的时代。

哺乳类是一种恒温、脊椎动物，身体有毛发，大部分都是胎生，并借由乳腺哺育后代。哺乳动物是动物发展史上最高级的阶段，也是与人类关系最密切的一个类群。

目前已知化石记录证明，哺乳动物在三叠纪末期已经出现。但在整个中生代它们没有多大的发展。然而到了新生代，由于地壳运动，气候环境的变化，那些在中生代统治地球的巨大恐龙灭了。在身体形态上具有比爬行类优越的哺乳动物便迅速占据恐龙绝灭所遗留下来的生态区域，蓬勃发展。由于贡瓦纳大陆在中生代的分裂漂移，与非洲及亚洲大陆分离，一些中生代时原始低等哺乳动物在澳洲大陆生存与进化，整个新生代与美洲、亚洲和欧洲隔绝，脱离了欧亚和美洲发展起来的进步哺乳类竞争，使得一些澳洲大陆上的低等哺乳动物偏安一隅，演变成为今天澳洲独特的动物群，它们是有袋类和单孔类的组合。南美洲的情况与澳洲有某些方面的类似。在新生代的早期南美与北美分离，那时迁移到南美洲的一批哺乳动物发展为南美洲特有的南方有蹄类。然而在亚洲古新世的地层中发现有原始的南方有蹄类，这就提出南美洲在新生代中后期发展起来的特殊有蹄类可能与亚洲有着某种早期的联系。在新生代晚期，南美重新与北美连接，在北美发展的进步肉食类侵入南美，使南美洲繁荣的南方有蹄类很快绝灭。亚、欧、非洲和北美是新生代哺乳动物繁荣发展的主要地区，在这些地区发展起来的哺乳动物种类繁多，进化迅速。目前已有的化石证明，在新生代早期古新世和新世时欧洲、北美和亚洲哺乳动物群有许多共同点，非洲在始新世以后兴起的哺乳动物与欧亚有交往，过去一般是用白令陆桥和北极陆桥交往来解释北半球这些大陆哺乳动物群的相似。新生代哺乳动物兴起迅速，分支进化快，迁移扩散，分布广泛，成为地球上占统治地位的动物。今天主宰地球并且开始征服宇宙空间的人类便是在新生代后期由灵长类的一支进化而来。因此对新生代哺乳动物的研究，不仅对生物进化本身和地层划分和对比有非常重要的理论意义和实践意义，而且对人类的起源及进化、大地构造运动、海陆变迁、古地理和古气候变化的研究都有直接的关系。人们可以运用对这些领域的研究成果来为现代进一步改造自然和征服自然服务。

 万物之灵——人类

人类在地球上从诞生到现在，大约已有 100 万年。这与数十亿年的地球史和生物史相比，只是很短暂的一瞬，但是，这却是极其壮丽的一幕。由于人类利用自然和改造自然，使世界的面貌发生了巨大的变化。"有了人，我们就开始有了历史"。

人类是怎样起源的呢？世界上最早的一代人是从哪里来的呢？这个问题历来是唯物主义同形形色色唯心主义斗争的焦点之一。

人是"上帝创造"的，还是从古代猿类发展而来的？

在古代，关于人类的起源，有过种种神话和传说。

例如，古埃及就传说，第一批人是神用陶土塑造的。在我国古代，也有女娲氏造人的故事。几乎各个文明古国、各个不同民族都流传过许多类似的关于人类起源的神话。然而，神话"并不是现实之科学的反映"。由于当时的社会历史条件，生产和科学很不发达，古人对自然界的知识很缺乏，因而对人类起源之谜，只能作出这种幼稚的、想象的、主观臆测的回答。

19 世纪初，在积累了比较多的关于植物、动物和人类的科学知识的基础上，有人提出：生物不是上帝创造的，低级生物可以发展成为高级生物；人也不是上帝创造的，人是由古代的猿类发展而来的。

首先系统地提出这一理论并加以科学论证的是英国生物学家达尔文（1809～1882）。他经过长期的实际考察，搜集了大量的有关动植物演变和发展的科学资料，提出了生物由低级向高级发展的变化规律——进化论。《物种起源》（1859 年）是他的一部代表作。在这本书中，他以大量生物进化的科学论据，证明了生物不是上帝创造的，而是经历了由低级到高级，由简单到复杂的一系列发展阶段。达尔文既然已证明高等生物是由低等生物进化而来

的，最高级的生物——人类，当然也不例外。

达尔文的进化论沉重地打击了"上帝创造人"的谬论，得到了一切进步学者的支持，不能不激怒了那些反动势力。神父、牧师以及各种宗教的卫道士都纷纷起来反对达尔文的进化论。

《物种起源》发表不久，就在英国发生了一场围绕人类起源的大论战。英国生物学家赫胥黎是当时著名的达尔文学说的支持者和宣传者，在普及达尔文学说上有特殊的功劳。他从比较解剖学、发生学、古生物学等方面，详细阐述了动物和人类的关系，确定了人类在自然界的位置，首次提出了人、猿同祖论。他指出："没有理由怀疑人类起源的一种情况是从类人猿逐步变化而来，另一种情况是和猿类由同一个祖先分支而来。"

1871年，达尔文发表了《人类起源和性选择》一书，专门讨论人类起源问题。他用丰富的科学资料，进一步论证了人类和类人猿的亲缘关系，指出人类是由古代一种类人猿——古猿逐渐发展而成的，再次肯定人猿同祖论。关于人猿同祖，我们可以从比较解剖学、生理学和胚胎学等方面加以证明。

黑猩猩

现存的4种类人猿（大猩猩和黑猩猩——产于非洲；猩猩——产于印尼；长臂猿——产于我国海南岛和印度支那）和人类在许多方面有相似之点。例如，所有类人猿都没有尾巴，前后肢有一定程度分工，能半直立行走。在骨骼上，没有一种其他动物比类人猿更像人的。在生理上，母猿也是每月一次月经，每胎通常一仔。就血型讲，人有O、A、B、AB四型，类人猿也大致相同。类人猿和人会患某些同样的疾病，有大体相同的病理过程。类人猿有初级意识活动，具有一定的表象能力，可以用面部的肌肉来表现它的恐惧和愤怒。人和现代类人猿在母体内的胚胎时期和胎儿发育的前期，不易区别；只是在胎儿发育的最后阶段，才能分辨出人的胎儿和猿的胎儿的不同。

这些情形，可以证明人和现代类人猿之间有着很近的亲缘关系，是由同一个祖先——古猿发展而来的。

达尔文所创立的学说和他所列举的科学证据，使"机体从少数简单形态到今天我们所看到的日益多样化和复杂化的形态一直到人类为止的发展系列，基本上是确定了"。

恩格斯在《劳动在从猿到人转变过程中的作用》这篇著作中，科学地论证"从猿到人"的历史过程，创立了"劳动创造了人本身"的伟大理论。他指出人类所以从动物界分化出来，是由于劳动的结果；劳动在从猿到人的转变过程中起着决定的作用，"它是整个人类生活的第一个基本条件，而且达到这样的程度，以致我们在某种意义上不得不说：劳动创造了人本身"。

"劳动创造了人本身"的伟大理论，科学地阐明了人类的起源。自从恩格斯写了《劳动在从猿到人转变过程中的作用》这篇著作以后，近百年来，全世界陆续发现了许多从猿到人各个不同发展阶段的化石和原始人类使用过的原始劳动工具。这些材料完全证实了恩格斯论断的无比正确。劳动使古猿变成了人，人是由古代类人猿进化而来的，劳动是促成这一转变的决定性条件。从猿进化到人，是一个量变到质变的过程，经历了一个极其漫长的发展阶段，通过了一系列的过渡环节。

森林古猿——人类的祖先

根据科学资料，距今约 1000 万～2000 万年前，在热带和亚热带的丛林地区，生活着一种高度发展的古代类人猿，简称古猿，它们是现代人类和现代类人猿的共同祖先。

在亚洲、非洲和欧洲的一些地区，现在已经发现这些古猿的骨化石。古猿起初成群地生活在热带森林里。后来，地球上由于地壳和气候等自然条件的影响，发生了"沧海桑田"的变化，古猿生活的自然区域，逐渐变得干寒起来，森林逐渐减少以至消失。这当然是一个极其漫长的过程。就在这个漫长的过程中，许多古猿逐渐地灭绝了。然而，在同自然环境和生活条件的斗争过程中，某些古猿（称之为森林古猿，1956 年 2 月，我国科学工作者在云南省开远县境内也发现了 10 枚森林古猿的牙齿化石）由于它们自身的形态构造、生理机能和生活习性能够逐步适应变化着的生活条件，由树上转到地面生活，并通过劳动逐渐发展为现代的人类。

"世界上没有绝对地平衡发展的东西"。由于气候变化的不平衡，造成古猿生活区域自然条件变化的不平衡，从而使古猿向着 2 个不同方向发展：①某些区域的古猿由于森林消失，被迫下地生活，后来通过劳动逐渐发展成为人类；②而另外某些区域的古猿，由于林木依然茂密，或者它们转移到有森林的地方，延续到现在，仍然是类人猿（当然也发生了许多变化），这就是现代的类人猿——大猩猩、黑猩猩、猩猩、长臂猿。

南方古猿——从猿到人过渡期间的生物

数十年前，在非洲南部地区，人们发现了一些似人似猿的骨化石，定名为南方古猿。这些化石埋藏于第三纪末期第四纪初期的地层中。近年来，关于南方古猿的材料，又有更多的发现，在地理分布上也有了扩展。在我国广西和湖北的第四纪初期的地层中也发现了许多类似南方古猿的牙化石和下颌骨化石。

南方古猿

从已发现的南方古猿的一些骨化石，我们可以看到：它们的颅底的枕骨大孔（脑子通到脊髓去的一个大孔），位置已接近颅底中央；骨盆的宽度也较大。这证明：南方古猿的身体已获得了直立姿势，它们已经由树居生活改变为地上生活了。它们的前后肢已有了分工，在平地上行走时开始摆脱用手帮助的习惯，后肢改造成为可以支撑身体的脚，从而"学会了使自己的手适应于一些动作"。这样，"具有决定意义的一步完成了。手变得自由了，能够不断地获得新的技巧，而这样获得的较大的灵活性便遗传下来，一代一代地增加着"。

从南方古猿的形态特征来看，它们比一切可知的类人猿都更接近于人。南方古猿已经能够利用天然的树枝和石块，但是一般认为还不能制造工具，还没有完成从猿到人的转变，是一种从猿到人过渡期间的生物。

原始人类发展的三个阶段

根据现在科学发现的材料，原始人类的自然发展史可分为猿人、古人、

新人 3 个阶段。

1. 猿人

猿人生存在地质时代的第四纪中期，距今约五六十万年前。猿人的出现，是从猿到人发展过程中的质变。猿人是最早出现的人类。在猿人身上虽然保留有较多古猿的残迹，但他们已经制造和使用最粗糙的石器，用来进行生产劳动，这一点正是人和动物相区别的分界线。"人类社会区别于猿群的特征又是什么呢？是劳动。""劳动是从制造工具开始的。"

猿人的化石是非常珍贵的。到目前为止，世界上仅发现了五六起。就是：我国的北京猿人、蓝田猿人；印度尼西亚的爪哇猿人；非洲阿尔及利亚和摩洛哥的阿特拉猿人；坦桑尼亚的舍利猿人；德国的海德堡猿人。

北京猿人

下面介绍一下我国发现的北京猿人和蓝田猿人的一些情况。

北京猿人生活在距今约四五十万年前。

1929 年开始，我国科学工作者在北京西南的周口店的考古发掘中，先后在北京猿人居住过的石灰岩的山洞中发现了世界上少有的、非常丰富的关于猿人的化石材料。其中有属于约 40 个个体的头骨、颚骨、牙齿、四肢骨；大量的石器和一些骨器；许多种古动物的化石，以及猿人用火留下的灰烬堆积物。

从对北京猿人化石的考察中，我们可以看到，北京猿人的形象介乎类人猿和人类之间，从整体看来完全是人，而头面部还留下一些近似古猿的特征。他们是从古猿进化而来的直接证据。

北京猿人已经开始使用石器和骨器。在发掘出来的一些很像"石头"的石器上，可以看到人工打击和使用的痕迹。北京猿人能够制造工具，就从一般动物中提升出来了。因为，"没有一只猿手曾经制造过一把哪怕是最粗笨的石刀"。为北京猿人所造和使用的最古老的工具的出现，在当时是一个很大

打制石器

的进步，它是人们征服自然的一个有力的武器。

北京猿人征服自然的另一个武器是用火。火可以用来取暖、烧烤兽肉、防御凶猛的野兽。人类对火的认识经历了一个从必然到自由的过程。起初对自然界因雷电引起的森林大火，恐惧逃跑；后来逐渐认识火的属性而掌握它、利用它。从北京猿人用火的遗迹来看，成层的灰烬堆积很厚，可知他们是从自然界里引来了火种，昼夜长燃不熄而加以保存。他们还不会人工取火。从火的使用到人工取火的发明，人类还得经过一个相当长时间的实践和认识的过程。

从上述材料推断，北京猿人过着原始的群居生活，大约几十人一群，他们手里拿着自己制造的石器、木棒，集体采集野果，猎取动物，通常居住在山洞中，并知道用火和熟食——这就是当时生产活动和社会生活的大略的情景。

1964 年，我国科学工作者在陕西省蓝田地区发现了一种猿人的头盖骨和上、下颌骨，牙齿等化石，定名为蓝田猿人。蓝田猿人的化石基本上和北京猿人相同，只是头盖骨更厚。结合地层和古动物的研究，证明他们的生存年代比北京猿人更早一些，大约距今五六十万年前，是目前已发现的猿人中较早的。

2. 古人

如果说，森林古猿经过了长达数百万年到上千万年的进化才发展到人类的第一代——猿人阶段，那么自此以后，由于能够制造工具，开始了真正的劳动，幼年的人类便大踏步地向前发展了。

在距今约 10 万～20 万年以前，原始的人类从猿人阶段进展到了古人阶段。古人已经分布于亚、非、欧的广大地区。在我国，古人的化石，无论南方还是北方都有发现。在南方，有广东的"马坝人"，湖北的"长阳人"；在北方，有山西汾河流域的"丁村人"，宁夏和内蒙古的"河套人"。从古人的头骨化石来看，已比猿人有很大进步，骨壁较薄，脑量增大；但与现代人相比，眉脊还很突出，表示了他们的原始性。

人类在与自然界作长期斗争的过程中，经验不断积累，生产工具也不断改进。古人制作的石器已比较精细，能打出良好的尖和刃。器型和用途渐趋明确，已有砍砸器、尖状器、刮削器等之分。狩猎经验也越来越丰富。他们已掌握了动物的活动规律，并知道利用地形环境来捕捉野兽，能集体围猎大动物。可能已经会人工取火。这时候已知道了母亲和子女之间的关系，原始的氏族组织已有萌芽。

3. 新人

随着劳动的发展，古人的体质逐渐进步，发展成为新人。新人生活在距今约10万~1万年前。新人是现代人类的直接祖先。从体质形态上来讲，现代人也包括在新人之内。

新人在地区上不仅广泛分布在亚、非、欧的广大地区，而且分布到美、澳两洲了。他们已经开始在各地定居下来。

在我国，新人的化石有1933年在周口店北京猿人所在地的山顶部分发现的山顶洞人；1956年修建成渝铁路时在四川发现的资阳人；1958年在广西发现的来宾人、柳江人。

综合有关新人的化石材料可以看出：他们的体质跟现代人已经没有多大的区别，脑量跟现代人完全一致。在新人阶段，生产力有了进一步的发展。石制工具更加精致，出现了复合的工具——在木棒上绑上石器的投枪、梭标。精巧的骨针，表示他们已会缝制衣服。他们既打猎，又捕鱼。已经产生了原始的艺术——绘画、雕刻、装饰品等。

在新人时期出现了人种的差别，如肤色、发色、发型、眼色、鼻子的高低等差别。这主要是由于长期定居，受各地不同自然地理环境的影响所造成的一些外表特征上的差别。

劳动使古猿变成了人。有了人，就有了社会，从那时起，人就具有社会性。当人类进入阶级社会后，则具有阶级性。

人同其他动物的最后的本质的区别是：动物仅仅利用外部自然界，单纯地以自己的存在来使自然界改变；而人则通过他们的有目的自觉活动，来改变自然界，支配自然界。"思想等等是主观的东西，做或行动是主观见之于客观的东西，都是人类特殊的能动性。这种能动性，我们名之曰'自觉的能动性'，是人之所以区别于物的特点。"

人类所特有的这种自觉能动性是怎样产生和发展起来的呢？包括达尔文在内的一些著名的生物学家，由于他们的阶级地位和唯心主义世界观的限制，他们只看到人是由动物进化而来的。到达这里以后，就不能前进一步了。他们看不到人同动物的本质区别，不了解人类区别于动物的自觉能动性以及这种自觉能动性产生和发展的历史过程。

"劳动创造了人本身"。在漫长的历史过程中，由于劳动，古猿逐渐发展成人；与这个过程相一致，在劳动的推动下，古猿的脑髓也逐渐发展成为人的脑髓，产生了语言和思想，从而人的自觉能动性也逐渐产生和发展起来。

古猿下地后，在地上行走时，摆脱前肢的帮助，渐渐直立行走，手足分工了。为了采摘果实、挖掘块根、捕捉一些小动物作为食物，他们更多地运用前肢，有时还利用树枝、石块作"工具"。这些活动，起初只是一种本能活动，后来在长期的生活过程中，不断反复，成为习惯。后来又逐渐知道用一块石头去打击另一块石头制造工具。就在这个漫长的世代相传的劳动中，使古猿的前肢发展成为人手。"手不仅是劳动的器官，它还是劳动的产物。"同时古猿的后肢也发展成为人脚，继而古猿的脑髓也逐渐发展成为人的脑髓。

根据科学资料：

类人猿的脑量约 350～650 毫升

蓝田猿人的脑量约 780 毫升

北京猿人的脑量平均为 1075 毫升

现代人的脑量平均为 1400 毫升

从北京猿人化石的研究中可以看出：北京猿人的头，还保持着许多类人猿的特征，如前额低平、眉部隆起、吻部前凸、无下颏等。然而四肢，尤其是上臂更接近现代人。这就是说，猿人的四肢特别是手臂的发展较快。

在从猿到人的长期发展过程中，不仅脑量逐渐增大，脑的内部结构也趋于复杂化，脑皮层各区的比例也发生了变化，手区、语言区以及与思维有关的区域扩大了，整个大脑变得更加完善起来。

推动猿脑发展成为人脑的根本动力是什么呢？是生产斗争的实践，是劳动。

由于劳动，手足分工，原始人类逐渐地能完全直立行走了。直立的姿势，使脊柱托住头部，视野扩大了，促进头部各种感官发达起来，脑子也能接受更多的信息，为脑子进一步发展扩大成球形创造了条件。

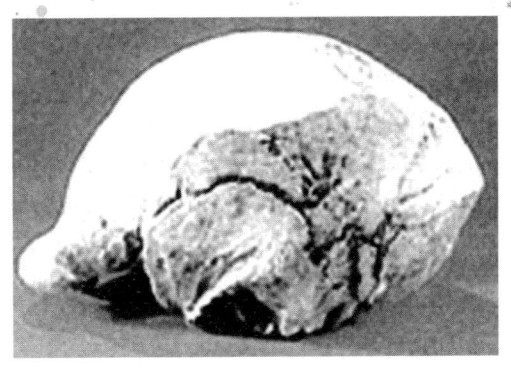

北京猿人化石

由于劳动，由吃少数种类的果实发展到多种植物，又发展到肉食和熟食，输入身体的养料也愈来愈多样化，使脑髓得到更丰富的营养，为脑髓的发达提供了必需的物质条件。

由于劳动，人类的实践活动不断向深度和广度发展，因而，通过眼、耳、鼻、舌、身这五个官能反映到脑的"映象"，也不断加强，促使脑量加大和脑的结构复杂化。

需要特别提出的是语言的产生以及它对脑髓发展的影响。

"语言是从劳动中并和劳动一起产生出来的"。原始人类在狩猎、采集植物、制造石器等活动中，需要共同协作，"已经到了彼此间有些什么非说不可的地步了"，于是便产生了一定音节和一定内容相结合的语言。起初的语言自然是十分简单的，后来随着劳动的不断发展才逐步完善和丰富起来。在语言发展的过程中，古猿的发音器官——喉管也逐渐改造成为人的喉管。语言是表达思想的工具，由于语言的产生，使人们彼此间可以交流经验，因此获得的间接经验就更多。在文字产生以前，语言对人类知识的传播和积累，从而，对人类认识世界和改造世界，有重大作用。"有声语言在人类历史上是帮助人们脱出动物界、结成社会、发展自己的思维、组织社会生产、同自然力量作胜利的斗争并取得我们今天的进步的力量之一。"

随着语言的发展，语汇的丰富，人们的思想不断地向深度和广度进展，思维器官的大脑，也就更发达了。恩格斯是这样说的："首先是劳动，然后是语言和劳动一起，成了两个最主要的推动力，在它们的影响下，猿的脑髓就逐渐地变成人的脑髓；后者和前者虽然十分相似，但是就大小和完善的程度来说，远远超过前者。"这里，"完善的程度"不仅指脑的形态构造，而且包

括脑的机能作用——思维能力在内。

在不断的劳动实践过程中，思维能力逐渐得到发展。头脑是思维的器官，好比一个加工厂。劳动实践不断为它提供原料，思想就是加工后的"产品"。"无数客观外界的现象通过人的眼、耳、鼻、舌、身这五个官能反映到自己的头脑中来，开始是感性认识。这种感性认识的材料积累多了，就会产生一个飞跃，变成了理性认识，这就是思想。"然后，又从事新的生产实践活动。在"实践、认识、再实践、再认识"的无限循环的推动下，人的大脑就不断发达和更加完善起来，人的自觉能动性也不断提高和发展。

劳动推动了脑髓，从而推动了人的思维能力的发展；人们大脑的发展以及思维能力的进步，又反作用于劳动，促进了劳动的进一步发展。恩格斯指出："脑髓和为它服务的感官、愈来愈清楚的意识以及抽象能力和推理能力的发展，又反过来对劳动和语言起作用，为二者的进一步发展提供愈来愈新的推动力。"

并且，人总是社会的人，人的思维能力的提高，还是一个社会的产物。"由于手、发音器官和脑髓不仅在每个人身上，而且在社会中共同作用，人才有能力进行愈来愈复杂的活动，提出和达到愈来愈高的目的。"

综上所述，我们可以知道，人脑这样一个构造极为精致的"加工厂"不是"天生的"，也不是"上帝创造的"，而是在劳动的推动下，经历了从猿到人漫长的历史过程演变而成的。从森林古猿的脑发展到人的脑，经历了一二千万年的时间。

植物进化历程

植物是生物界中的一大类。一般有叶绿素，没有神经，没有感觉。分藻类、蕨类、苔藓植物和种子植物，种子植物又分为裸子植物和被子植物。有30多万种。植物距今二十五亿年前，地球史上最早出现的植物属于菌类和藻类，这些原始的蕨类和藻类成为地球植物的始祖。随着地球上自然地理环境的变迁，植物界自身在不断的矛盾中运动和发展着。在一定的地质时期中占支配地位的类型，其优势在发展过程中被较为进化的另一类植物所取代，这时植物界就发生了质的变化，进入了一个新的发展阶段。一些类群的自然绝灭常伴随着新类群的形成，植物界的发展过程就是这样从低级向高级，从简单到复杂，不断地变化。

植物进化小结

现代森林的形成和发展，经历了一个漫长的演化过程，一般分为3个阶段：蕨类古裸子植物阶段、裸子植物阶段、被子植物阶段。在晚古生代的石炭纪和二叠纪，由蕨类植物的乔木、灌木和草本植物组成大面积的滨海和内陆沼泽森林。其中鳞木和封印木高可达20~40米，径1~3米，是石炭纪重要的造煤植物。现在热带地区还有孑遗的树蕨。中生代的晚三叠纪、侏罗纪和白垩纪为裸子植物的全盛时期。苏铁、本内苏铁、银杏和松柏类形成地球陆地上大面积的裸子植物林和针叶林。在中生代的晚白垩纪及新生代的第三纪，被子植物的乔木、灌木、草本相继大量出现，遍及地球陆地，形成各种类型的森林，直至现在仍为最优势、最稳定的植物群落。

随着地球上自然地理环境的变迁，植物界自身在不断的矛盾中运动和发展着。在一定的地质时期中占支配地位的类型，其优势在发展过程中被较为进化的另一类植物所取代，这时植物界就发生了质的变化，进入了一个新的发展阶段。一些类群的自然绝灭常伴随着新类群的形成，植物界的发展过程就是这样从低级向高级，从简单到复杂，不断地变化。

根据有机体构造的完善程度，植物一般可分为低等植物和高等植物 2 大类。低等植物指单细胞或多细胞的叶状体，不具备多细胞构成的各种器官，通常生活在水中，它们是地球上最早的居民之一；高等植物具有由多细胞构成的各种器官，有根、茎、叶的分化，基本上生活在陆地上。现在生存在地球上的植物，已经知道的有 50 多万种，这个数字还不包括那些地史时期繁衍过的种类。

在漫长的地质历史时期，出现过千姿百态的植物。这些植物，有的已经绝灭了，成为地史上的过客；有的延续至今，一直为我们的地球披着浓重的绿妆。

植物的进化是一个连续发展的过程，即从最简单、最原始的原核生物一直到年轻的被子植物，每一阶段都有化石证据。古生物学家把植物的演化和发展划分成几个阶段。

菌藻植物阶段

在泥盆纪以前的几十亿年间，地球上没有成形的生物体，细菌和蓝藻是最早出现的有细胞结构的原核生物，它们生存在原始海洋中。经过 10 亿～20 亿年的漫长时间，才进化为真核生物。由于营养方式的不同，真核生物发生了分化，单细胞动物体出现了。在菌藻植物阶段，各种丝状藻类生活在海洋中，除细菌外，蓝藻最为繁盛，叠层石化石的形成是藻类活动的结果，在我国北方震旦纪地层中就产有极其丰富的藻叠层石。

蕨类植物阶段

志留纪末至泥盆纪初，植物开始登陆。这一时期，由于植物的生存环境发生了很大变化，致使植物体的形态和结构也产生了各种适应和改变，有了根、茎、叶的分化，输导系统维管束也出现了。但此时的植物仍很低级，植物体矮小，仅适宜生存在滨海潮湿低地。代表性的化石有瑞尼蕨、库逊蕨、工蕨等。

过去，早期维管植物统称为裸蕨，因此这一阶段也称为裸蕨植物阶段。

自晚泥盆世至早二叠世，裸蕨植物的后代壮大发展，出现了石松植物、真蕨植物等，它们开始有明显的根、茎、叶的分化，输导系统进一步发展为管状中柱和网状中柱。有些植物（如种子蕨）具有大型叶，从而扩大了光合作用的面积。晚泥盆世地球上已出现大面积的植物群，乔木型植物比较普遍。石炭纪全球出现了不同的植物地理区，地层中还

苏　铁

可发现苏铁、银杏、松柏等裸子植物化石。中石炭世至早二叠世是全球最重要的成煤时期。

裸子植物阶段

从二叠纪至白垩纪早期，历时约1.4亿年。许多蕨类植物由于不适应当时环境的变化，大都相继绝灭，裸子植物获得空前发展。最原始的裸子植物（原裸子植物）也是由裸蕨类演化出来的。由于地壳运动加剧，古气候、古地理环境发生明显变化，蕨类植物和早期裸子植物衰减，新生的裸子植物逐渐繁荣起来。它们一般都具有大型羽状复叶，树干高大。在所发现的松柏类化石中，科达树高度可达20～30米，树顶浓密的枝叶组成茂盛、庞大的树冠。中生代为裸子植物最繁盛的时期，故称中生代为裸子植物时代。这一时期也成为地史上重要的聚煤阶段。

被子植物阶段

被子植物是从白垩纪迅速发展起来的植物类群，并取代了裸子植物的优势地位。直到现在，被子植物仍然是地球上种类最多、分布最广泛、适应性最强的优势类群。

可靠的被子植物化石见于早白垩纪的晚期，到晚白垩纪时，被子植物化石已很普遍，说明它们对陆地环境有很强的适应能力。以后，被子植物逐渐

开始排挤裸子植物，进入第三纪就占有绝对统治地位了。被子植物已经具有完善的输导组织和支持组织，生理机能大大提高了。今天的被子植物分布极其广泛，无论是寒带还是热带，到处都可以找到被子植物的踪迹，被子植物约有 27 万多种，数量占整个植物界的 1/2 还多。

纵观植物界的发生发展历程，可以看出整个植物界是通过遗传变异、自然选择（人类出现后还有人工选择）而不断地发生和发展的，并沿着从低级到高级、从简单到复杂、从无分化到有分化、从水生到陆生的规律演化。新的种类在不断产生，不适应环境条件变化的种类不断死亡和绝灭，这条植物演化的长河将永不间断，永远不会终结。

苏　铁

苏铁，又名凤尾蕉、避火蕉、凤尾松、铁树等，在民间，"铁树"这一名称用得较多，一说是因其木质密度大，入水即沉，沉重如铁而得名；另一说因其生长需要大量铁元素，即使是衰败垂死的苏铁，只要用铁钉钉入其主干内，就可起死回生，重复生机，故而名之。

最简单的植物——藻类植物

藻类的起源

在地球历史上，由于古气候等因素的变化，海平面发生过无数次的上升与下降。对于陆地来说，当海平面上升时，一些低洼地区就被淹没，造成海岸线向陆地深处推进，这一过程称为海浸；当海平面下降时，这些低洼地区又露出海面，造成海岸线向海洋深处退回，这一过程称为海退。

就在前寒武纪海浸、海退过渡带，科学家发现了远古的微生物，其形态很像现代的陆生藻类。科学家推测，这些最早上陆的藻类，则很可能起源于太古代末或元古代初。而它们的后代地衣类植物，则很可能在早古生代就已出现；在志留纪沿海边缘，已经发现了它们的遗迹。

地衣实际上是藻类和真菌共生的复合体。藻类被菌丝包裹在里面，以光合作用制造有机物供真菌享用；而真菌吸收水分和矿物质提供给藻类。地衣附着在岩石上生长，能够产生石蕊酸，使岩石表面逐渐分解成为土壤，为其他陆生植物的生长创造了条件。因此，地衣可能为其他陆生植物由水上陆起到了开路先锋的作用。

地 衣

真菌类由于不具有光合作用功能、营腐生或寄生性生活的特点，现在一般都被列为单独的一个界，但是许多科学家认为它们是某种原始的藻类植物失去光合作用功能后不断演化出来的一个大门类，因此，也把它们同藻类、地衣类一起列入低等植物的范畴。

藻类包括数种不同类以光合作用产生能量的生物。它们一般被认为是简单的植物，并且一些藻类与比较高等的植物有关。虽然其他藻类看似从蓝绿藻得到光合作用的能力，但是在演化上有独立的分支。所有藻类缺乏真的根、茎、叶和其他可在高等植物上发现的组织构造。藻类与细菌和原生动物不同之处，是藻类产生能量的方式为光合自营性。

藻类的进化

藻类植物可以说是从原始的光合细菌发展而来的。光合细菌具有细菌绿素，利用无机的硫化氢作为氢的供应者，产生了光系统。原始藻类植物，如蓝藻类所具有的叶绿素，很可能是由细菌绿素进化而来的。蓝藻类利用广泛存在的水为氢的供应者，具有光系统，通过光合作用产生了氧。随着蓝藻类的产生，光合细菌类逐渐退居次要地位，而放氧型的蓝藻类则逐渐成为占优势的种类，释放出来的氧气逐渐改变了大气性质，使整个生物界朝着能量利用效率更高的喜氧生物方向发展。这个方向的进一步发展就产生了具有真核的红藻类，同时，类囊体单条地组成为叶绿体，但集光色素基本上一样，仍以藻胆蛋白为集光色素。蓝藻和红藻的集光色素，藻胆蛋白，需用大量能量

和物质合成，是很不经济的原始类型，所以只能发展到红藻类，形成进化上的一个盲枝。

藻类植物的第二个发展方向是在海洋里产生含叶绿素 a 和叶绿素 c 的杂色藻类。叶绿素 c 代替了藻胆蛋白，进一步解决了更有效地利用光能的问题。在开始的时候，藻胆蛋白仍继续存在，如在隐藻类，但进一步的进化，效率较低的藻胆蛋白没有继续存在的必要而逐渐被淘汰，所以在比隐藻类较为高级的种类，如在甲藻类、硅藻类，除叶绿素 a 以外，只有叶绿素 c，而藻胆蛋白消失了。迄今，海洋仍为含有叶绿素 c 的种类，包括甲藻类、金藻类、黄藻类和硅藻类等浮游藻类和褐藻类的底栖藻类，占据优势。但这个类群不能离开水体，仍是一个盲枝。

藻类植物的第三个发展方向是在海洋较浅处产生绿色植物。它们除了叶绿素 a 以外，还产生了叶绿素 b。据科学家估计，叶绿素 a + b 系统比之叶绿素 a + 藻胆蛋白系统，光合作用效率高出了 3 倍，也高于叶绿素 a + c 系统。这是藻类植物进化的主流。很可能十几年前发现的原绿藻就是这类植物的祖先。原绿藻植物出现的时间可能与原核的杂色藻类（尚未发现）差不多，但由于某种原因，可能与当时的大气光照条件有关，杂色藻类大量发展起来而原绿藻却停留在原始状态。后来，环境条件变为较为适合于叶绿素 b 生物的生长，从原绿藻植物就产生了真核的绿藻类。它们不但已产生了叶绿体，而且已经有了比较其他藻类更加进步的光合器，即具有基粒的叶绿体。就是这类植物终于登陆，进一步演化为苔藓植物、蕨类植物及种子植物。几亿年前地球大气的含氧量已达到现在大气的 10%，形成了臭氧屏蔽层，阻挡了杀伤生物的紫外线，使陆地具备了生命生存的条件。登上陆地后，光合生物的进化速度大大加快，在大约 5 亿年内就从原始的陆地植物发展到高等的种子植物。

1. 藻类的特征

根据现代对藻类植物的认识，藻类并不是一个自然分类群，但它们却具有以下的共同特征：

（1）植物体一般没有真正根、茎、叶的分化。藻类植物的形态、构造很不一致，大小相差也很悬殊。例如众所周知的小球藻，呈圆球形，是由单细胞构成的，直径仅数微米；生长在海洋里的巨藻，结构很复杂，体长可达 200 米以上。尽管藻类植物个体的结构繁简不一、大小悬殊，但多无真正根、茎、叶的分化。有些大型藻类，如海产的海带、淡水的轮藻，在外形上，虽然也可以把它分为根、茎和叶三部分，但体内并没有维管系统，所以都不是真正的根、茎、叶，因此，藻类的植物体多称为叶状体或原植体。

（2）能进行光能无机营养。一般藻类的细胞内除含有和绿色高等植物相同的光合色素外，有些类群还具有其特殊的色素，而且也多不呈绿色，所以它们的质体特称为色素体或载色体。藻类的营养方式也是多种多样的。例如有些低等的单细胞藻类，在一定的条件下也能进行有机光能营养、无机化能营养或有机化能营养。但从绝大多数的藻类来说，它和高等植物一样，都能在光照条件下，利用二氧化碳和水合成有机物质，以进行无机光能营养。

（3）生殖器官多由单细胞构成。高等植物产生孢子的孢子囊或产生配子的精子器和藏卵器一般都是由多细胞构成的。例如苔藓植物和蕨类植物在产生卵细胞的颈卵器和产生精子的精子器的外面都有一层不育细胞构成的壁。但在藻类植物中，除极少数种类外，它们的生殖器官都是由单细胞构成的。

（4）合子不在母体内发育成胚。高等植物的雌、雄配子融合后所形成的合子（受精卵），都在母体内发育成多细胞的胚以后，才脱离母体继续发育为新个体。但藻类植物的合子在母体内并不发育为胚，而是脱离母体后，才进行细胞分裂，并成长为新个体。如果用动物学的术语来说，高等植物是胎生，而藻类则是卵生。总之，藻类植物是植物界中没有真正根、茎、叶分化，行光能自养生活，生殖器官由单细胞构成和无胚胎发育的一大类群藻类不但在水体非常显著，在陆域环境也很常见。然而陆域藻类通常较不显眼，且于潮湿、热带地区比干燥地区特别常见，因为藻类缺乏维管束和其他营陆地生活的适应构造。藻类在其他地点如雪地或以地衣的形式在裸露岩石表面与真菌共生。

（5）种类繁复的藻类在水域生态系扮演重要角色。微观下悬浮于水柱者（浮游植物）提供食物给大多数海洋食物链。藻类密度非常高（水华）时，可能使水变色，与其他生物竞争或使其他生物中毒或窒息。海草大部分生长在浅海水中，然而有些已有生长于 300 米深的记录。有些供人类食用或生产有用物质如洋菜、鹿角菜胶或肥料。

2. 现代生态系统中的藻类

藻类是植物界的低等类型。它们种类繁多，估计有 18000 种，分别属于绿藻类、硅藻类、金藻类、红藻类和褐藻类。它们广泛地分布在地球上的各种水域里。

藻类具有成分为纤维素的细胞壁，这是它们作为植物的一项重要特征。

绿 藻

衣藻等较为原始的绿藻是单细胞植物，有眼点和2条鞭毛，能够运动，以营养细胞进行繁殖。地质历史时期这类原始性的绿藻发展出了更高级的绿藻和其他藻类。

绿藻广泛分布在流动比较缓慢而且水深较浅的淡水水域里，海洋中只有少数的种类。也有一些绿藻生活在土块表面和树皮上，还有的与真菌共生形成地衣。有些绿藻甚至可以与动物共生，例如，绿水螅之所以呈现绿色，就是因为它与单细胞的绿藻共生的结果。

绿藻的形态结构多种多样。衣藻、原球藻、绿球藻等是单细胞的，水绵、栅列藻、空球藻、水网藻、团藻等是多细胞群体，石莼、浒苔等较为高等的绿藻由细胞群形成片状或管状。有的绿藻藻体一个细胞里有多个细胞核，例如管藻；还有的多细胞绿藻细胞之间在外形上已经有了初步的分化，例如轮藻有轮生的分枝。

绿藻种类繁多，分布广阔，而且繁殖率快，它们构成了地球上各种水域中主要的初级产生者。它们利用阳光和水中的无机营养成分，以光合作用将二氧化碳合成为有机物，为整个水生态系统的能量流动和物质循环起到了重要的作用。

绿藻的光合色素和光合片层的结构蛋白与高等植物的一样，因此科学家认为高等植物起源于绿藻。

金藻和硅藻的藻体颜色呈黄色至金棕色，这是因为它们载色体内虽然含有叶绿素a，但是更含有β-胡萝卜素和类似于叶黄素的藻黄素，而且后2种色素的含量较大，因此使藻体颜色偏黄。

金藻包括的种类也相当多，有的是单细胞，有的是分化不深的细胞群体。有些种类有鞭毛，有些则没有。

硅藻的细胞壁含有硅质，整个细胞形状像小盒子一样，通常由2片盖在一起的壳片组成。壳片上有硅质沉积，并且形成各种花纹。硅藻种类繁多，但都是单细胞的浮游植物或底栖植物。硅藻的繁殖率很高，光合作用能力也很强，因此它们是水域尤其是海洋中的重要生产者。海洋硅藻的繁殖有明显的季节性差异。此外，由于硅藻壳含有大量不能溶解或不能被取食者消化的硅酸钙、二氧化硅等硅质物，它们死亡后遗留在海底的藻壳大量堆积后就能够构成硅藻土。

红藻

红藻的藻体有的是丝状，有的是片状，有的是树枝状。它们绝大多数都生活在海里，细胞有较为坚固的细胞壁，其中纤维素成分较多，细胞群体有胶质包裹。红藻的细胞内有载色体，其中含有叶绿素 a 和 b，还有 α - 胡萝卜素、叶黄素以及大量的藻红素。这些色素在不同红藻中的不同含量组合使得藻体呈现紫色、紫红色或红色。其中，藻红素是红藻所特有的。我们经常食用的紫菜以及制造琼脂所需要的石花菜都属于红藻类。

褐藻都是海生藻类，有 1500 多种，它们的个体都是大型的或较大型的，例如人类经常食用的海带长度一般可长到 2 ~ 4 米，巨藻群则被形象地称为"海中森林"，而马尾藻聚生的海区构成马尾藻海，船只航行都不得不避开它。

褐藻体内含有较多的叶黄素，使得藻体呈棕黄色，因此褐藻又称为棕藻。

叶绿素

叶绿素，是一类与光合作用有关的最重要的色素。光合作用是通过合成一些有机化合物将光能转变为化学能的过程。叶绿素实际上见于所有能营光合作用的生物体，包括绿色植物、原核的蓝绿藻（蓝菌）和真核的藻类。叶绿素从光中吸收能量，然后能量被用来将二氧化碳转变为碳水化合物。

最早登陆的植物——蕨类植物

蕨类植物的起源

蕨类植物的起源，根据已发现的古植物化石推断，一般认为，古代和现代生存的蕨类植物的共同祖先，都是距今 4 亿年前的古生代志留纪末期和下泥盆纪时出现的裸蕨植物。

裸蕨植物在下、中泥盆纪最为繁盛，在它们生存的时期里，衍生出来的种类很多，形式也复杂。据近来的研究，也有不少人认为裸蕨植物可能并不代表植物界的一个自然分类单元，而是一个内容极为庞杂的大类群，发现于西伯利亚寒武纪的阿丹木，以及发现于澳大利亚志留纪的刺石松等化石植物，因其形态特征和地质年代的古老性，认为蕨类植物并不完全是起源于裸蕨植物，而是起源于比它们更原始的类型或是共同的祖先，但是由于化石保存条件的限制，现在的认识还是很不完善，需要进一步研究。

裸蕨植物起源问题，植物学家的意见并不一致。多数人认为，古老的蕨类植物是起源于藻类；也有人认为，可能起源于苔藓植物。至于裸蕨植物起源于哪一类藻类植物，意见又有分歧。有的认为裸蕨起源于绿藻，主要理由是它们都有相同的叶绿素，贮藏营养是淀粉类等物质，游动细胞具有等长鞭毛等特征都和绿藻相似；也有人认为蕨类起源于褐藻，理由是褐藻植物中不但有孢子体和配子体同样发达的种类，也有孢子体比配子体发达的种类，而且褐藻植物体结构复杂，并有多细胞组成的配子囊。至于蕨类植物起源于苔藓植物，其理由主要是裸蕨植物孢子体有某些性状与苔藓植物中的角苔类相似，但缺乏足够证据，又难以解释两者生活史上孢子体和配子体优势的转变；也有人认为，裸蕨植物和苔藓植物都是起源于藻类，并且是平行发展而来的。

蕨类植物的进化

裸蕨植物远在晚志留纪或泥盆纪已经登陆生活，由于陆地生活的生存条件是多种多样的，这些植物为适应多变的生活环境，而不断向前分化和发展。在漫长的历史过程中，它们是沿着石松类、木贼类和真蕨类 3 条路线进行演化和发展的。

（1）石松植物是蕨类植物中最古老的一个类群，在下泥盆纪就已出现，中泥盆纪时，其木本类型已分布很广，到石炭纪为极盛时代，二叠纪则逐渐衰退，而今只留下少数草本类型。其最原始的代表植物，是发现于大洋洲志留纪地层中的刺石松，茎二叉分枝，具星芒状原生中柱，密被螺旋状排列的细长拟叶，每1拟叶具有1简单的叶脉，孢子同型。这些特征很像裸蕨植物的星木属植物，但是，它的孢子囊着生的位置是在各拟叶之间或近似叶的基部，而不像真正裸蕨植物那样生在枝的顶端，这可能由于载孢子囊的枝轴部分缩短，并趋于消失，因而孢子囊从顶生的位置转移到侧生位置。由此推测出具有侧生位置的孢子囊特征的石松类植物，是由裸蕨植物起源的，而刺石松是裸蕨植物和典型的石松类植物之间的过渡类型。

现代生存的松叶蕨目植物没有根的结构，甚至在其胚的发育阶段，也没有任何根的性状，由此可见，它们先前从来就未曾有过根，所以，根的不存在现象，乃是原始性状，而并非由于退化的结果。很多植物学家认为它们是裸蕨植物的后裔。但是，松叶蕨迄今尚未发现过有化石的代表，虽然它有极大的原始性，但是其顶枝起源的叶器官和孢子囊合成

松叶蕨

为聚囊现象，显然与裸蕨植物不同，故难以断定它们的亲缘关系。

（2）木贼类植物出现在泥盆纪，最古老的木贼类植物是泥盆纪地层中的叉叶属和古芦木属。其特征与裸蕨类及木贼属均相似，故被认为是裸蕨类与典型木贼植物之间的过渡类型。

（3）真蕨类植物最早出现在中泥盆纪，但它们与现代生存的真蕨类植物有较大差别，故被分成为原始蕨类。其孢子囊呈长形，囊壁厚，纵向开裂或顶上孔裂。重要的代表有1936年在我国云南省泥盆纪地层中发现的小原始蕨，及发现于中泥盆纪的古蕨属等。小原始蕨是具有一种合轴分枝的小植物，侧枝的末端扁化成扁平二叉分枝的叶片状，孢子囊着生在具有维管束的小侧

枝顶上。古蕨属具有大型、二回羽状的真蕨形叶子，在一个平面上排列着小羽片，孢子囊着生在小羽片轴上，孢子异型。这些植物在体形上很可能代表介于裸蕨类和真蕨类之间的类型。古蕨属的发现，加强了真蕨亚门和裸子植物门之间在系统发育上的联系。许多人认为，最早的裸子植物是通过古蕨这一途径发展出来的。在长远的地质年代中，这些古代的真蕨植物到二叠纪时大多已灭绝。到三叠纪和侏罗纪又演化发展出一系列的新类群。现代生存的真蕨大多具大型叶，有叶隙，茎多为不发达的根状茎，孢子囊聚集成孢子囊群，生在羽片下面或边缘，绝大多数是中生代初期发展的产物。

现代的蕨类植物的叶子都长得像羊的牙齿一样，因此，最早研究它们的科学家就把它们也形象地称为"羊齿植物"。在地球自然历史发展过程中，这些"羊齿植物"实际上是最早的高等植物，它们在志留纪晚期已经开始在陆地上出现。

这些最早的陆生蕨类被称为顶囊蕨或光蕨。此后，蕨类植物分化为 2 支，其中一支经志留纪向泥盆纪过渡时期的工蕨发展到后来的石松类；另一支经泥盆纪早期的裸蕨发展出后来的节蕨（也叫木贼或楔叶）和真蕨。此外，在泥盆纪还发现有一类称为瑞尼蕨的植物，它们与高等植物一样具有维管束，同时又与低等植物一样没有气孔器，因此目前还很难确定它们的真正系统分类地位。

到了晚泥盆世，在早、中泥盆世盛极一时的裸蕨逐渐灭绝了，但是石松、节蕨和真蕨类开始走向繁荣。这些进化了的蕨类植物已经有了根、茎、叶的分化：根可以使植物体得到稳定并深入到土壤下层以吸收更多的水分和矿物质；茎一方面使植物体能够直立起来，更重要的是其内部维管束结构的形成为植物体产生了更为完善的输导系统以有利于营养物质的输送；叶则成为专门进行光合作用的器官，因其表面积的大大增加而使植物体能够更多地吸收日光中的能量。正因如此，蕨类植物在古生代后期将"地球园林"装点得分外秀丽。

现代生活在地球上的蕨类植物仍有 1 万余种，绝大多数都是草本植物。但是在古生代的石炭纪和二叠纪，蕨类植物当中属于石松类的鳞木和属于节蕨类的芦木却都是高大的乔木型木本植物。

鳞木可达三四十米高，树身直径可达 2 米；它们的树干与裸蕨一样两叉分枝；狭长的叶子可长达 1 米，叶子上有明显的中肋；叶子呈螺旋状排列在树干上，长在其基部的叶座上；叶座突出于树干表面，一般呈菱形，由于排列成螺旋状，当叶子脱落以后它们看起来很像鳞片状的印痕，鳞木即因此得名。

芦木生长在沼泽里，高达三四十米，树干直径可达 1 米，叶子轮生在分枝的节上。芦木的叶子与鳞木的叶子起源不同，它们是由小枝变化而来的。

真蕨类比石松类、节蕨类更能适应陆地生活。它们的叶子较大，又扁又平，而且分为上下两面，叶脉分支也多，这样更扩大了光合作用的面积和效率。真蕨类一般生活在陆地上，少数生活在沼泽中，还有的附生在其他植物的数权上。真蕨类中，生活在石炭纪末期到二叠纪初期的树蕨有很大的树冠，密集成林。在距今 2 亿多年前的早二叠纪晚

鳞 木

期至晚二叠纪早期，云南及我国南方和西南的几个其他省份分布着一种叫做六角辉木的树蕨，有十几米高，树干直径超过 20 厘米，羽状复叶型的叶子很大，有两三米长。六角辉木的茎有非常发达的输导组织和机械组织，其树干的横切面上可以看到外部的皮层和极为复杂的组成中柱（根和茎的中轴部分）的维管束。维管束的直径约为 10 厘米，由 7 个同心环组成，最里面的一个呈圆形，其余的呈条带状。因此，这样的树干横切面看起来就形成了五光十色的六角形，这就是"六角辉木"名称的由来。

蕨类植物的大发展，促成了地球历史上第一次原始森林的出现，使地球生态系统的整体面貌发生了巨大的变化，为脊椎动物由水上陆奠定了物质基础。

鳞 木

鳞木，是石松类（化石）类中已绝灭的鳞木目最有代表性的 1 属，出现于石炭二叠纪，乔木状，树干粗直，高可达 38 米以上，茎部直径可达 2 米。

枝条多次二歧分枝，形成宽广的树冠。与封印木和芦木共同繁殖在热带沼泽地区，形成森林，是石炭二叠纪重要的成煤原始物料。

最早有种子的植物——裸子植物

裸子植物的起源

当古生代的蕨类植物形成地球上第一次原始森林的时候，比蕨类植物更加进步的裸子植物已经在泥盆纪晚期悄然出现了。但是在当时，地球上的气候温暖潮湿，蕨类植物的发展更为顺利，裸子植物还不能获得优势。到了二叠纪晚期，气候转凉而且变得干燥，蕨类植物不能很好地适应这样的新环境，逐渐退出了植物王国的中心舞台，裸子植物开始发挥出其潜在的优越性而得到了大发展，并将它的繁盛一直持续到白垩纪晚期。可以说，爬行动物王国里的植被是以裸子植物为特征的。

裸子植物是种子植物中较低级的一类。具有颈卵器，既属颈卵器植物，又是能产生种子的种子植物。它们的胚珠外面没有子房壁包被，不形成果皮，种子是裸露的，故称裸子植物。

裸子植物是原始的种子植物，其发生发展历史悠久。最初的裸子植物出现在古生代，在中生代至新生代它们是遍布各大陆的主要植物。现代生存的裸子植物有不少种类出现于第三纪，后又经过冰川时期而保留下来，并繁衍至今的。据统计，目前全世界生存的裸子植物约有850种，隶属于79属和15科，其种数虽仅为被子植物种数的0.36%，但却分布于世界各地，特别是在北半球的寒温带和亚热带的中山至高山带常组成大面积的各类针叶林。

裸子植物的分类与进化

裸子植物通常分为铁树纲、银杏纲、松柏纲、红豆杉纲及买麻藤纲。

1. 铁树纲

铁树纲植物起源开始于古生代二叠纪，甚至可能起源于石炭纪，繁盛于中生代，是现代裸子植物最原始的类群。从种子蕨的发现、研究表明，它们有着密切的关系。在形态上，茎干都不甚高大，少分枝或不分枝，茎干表面残留叶基，顶生一丛羽状复叶；内部构造上，都具有较大的髓心和厚的皮层，木材较疏松；生殖器官结构上，小孢子叶保存着羽状分裂的特征，大孢子叶的两侧着生数个种子，呈羽状排列；它们的种子结构也很接近。这些都说明铁树类植物是由种子蕨演化而来的。

铁 树

地质历史时期植物化石的研究，提供了可靠而丰富的依据。从化石材料记载，它的历史可远溯至石炭纪、晚石炭纪出现的二歧叶。之后，早二叠纪的毛状叶，晚二叠纪的拟银杏、拜拉，三叠纪的楔银杏等，或许是银杏的远祖。

2. 银杏纲

到了中侏罗世已有许多银杏生存。又从楔银杏、拜拉的孢子叶的情况看，它们的小孢子叶上有 5~6 个（偶有 3~7 个）小孢子囊，而银杏有 3 个小孢子囊；毛状叶、拜拉和拟银杏等的大孢子叶上的胚珠数目，也多于现代的银杏。由此看来，现存银杏的小孢子囊和大孢子囊，可能是经历了一系列"简化"过程演变而成的。另一方面，银杏类和科得狄也有一些相似之处，比较重要的是它们单叶的叶基构造和叶脉形式一致；又科得秋的胚珠具有贮粉室，可能以游动精子进行受精等特点和银杏相似，这些都说明它们起源于共同的祖先。

3. 红豆杉纲

红豆杉纲植物从古植物学的研究，提供了地质历史时期这类植物盛衰的情况和演化趋向的资料，但是由于化石材料的不完整和研究程度所限，现存的红豆杉纲各科、属和已灭绝的类型之间的演化线索，还未能完全搞清。一般认为红豆杉纲 3 个科：罗汉松科、三尖杉科（粗榧科）和红豆杉科（紫杉科），在系统发育上有密切关系。三尖杉科植物的孢子叶球中，没有营养鳞片，很可能是晚古生代的安奈杉，通过中生代早期的巴列杉、穗果杉的途径演化而

来的。而罗汉松科、紫杉科，则与科得狄植物有相似之处，尤其是大孢子叶球的结构以及变态的大孢子叶；穗状花序式的小孢子叶球序，保持着和科得狄类似的原始性状。说明这两个科的植物，可能是从科得狄类直接演化出来的。

4. 松柏纲

柏　树

松柏纲植物是现代裸子植物中种、属最多的植物。它们的植物体的形态结构比铁树类、银杏类更能适应寒旱的自然环境；它们的胚珠受精方式比较进化，小孢子（花粉粒）萌发时产生花粉管，游动精子消失。这是此类植物在地质历史进程中较能抵御自然环境的变动，而较多地保存下来的缘故。关于松柏类植物的起源，还不很清楚，在地质史上出现较早的科得狄，可看作是松柏类植物的先驱者，因为它和古老的松柏类在形态上和结构上，有不少重要的相似点，特别是和石炭纪、二叠纪的松柏植物勒巴杉孢子叶球的结构非常近似。

从这些相似的特征分析，松柏纲植物无疑是科得狄的后裔。一般认为，松柏纲植物各科的演化路线是：杉科和柏科，它们可能是从中生代早期的三叠纪、侏罗纪时已灭绝的类型，伏脂杉、掌鳞杉等化石类型中分化出来的；南洋杉科，在木材的形态结构上与科得狄极为相似，称为"南洋杉型"，所以，可能是从它直接演化出来的；松科的可靠化石，虽出现较晚，但也许很早就已形成为一个独立的演化支，因为它的球果具有分离的苞鳞，是相当原始的性状。

5. 买麻藤纲

买麻藤纲植物在现代裸子植物中，是完全孤立的一群。现存的 3 个属即麻黄属、买麻藤属和百岁兰属，这 3 个属缺乏密切关系的类群，各自形成 3

个独立的科和目。它们在外形上和生活环境相差很大，地理分布上又较遥远。但从这3个属植物中，都可以或多或少地看到由生殖器官两性到单性，雌雄同株到异株的发展趋势，它们都是属于比较退化和特化的类型。

裸子植物的进化

古生代的石炭纪、二叠纪是地球上蕨类植物、种子蕨和科得狄植物繁荣昌盛时期。随着岁月的流逝，自石炭纪的中、晚期起，地球上由于气候和其他自然因素的影响，丛林中的面貌，即植被也在发生变化，逐渐形成了4个不同的植物群：分布在欧洲、北美洲大部地区的称为欧美植物群；发育在亚洲东部的就称为华夏植物群。欧美植物群和华夏植物群生长于气候湿热的条件，植被与今日的雨林、季雨林相似。在亚洲北部季节明显、湿度高而温度较低的环境，分布着安加拉植物群（或称通古斯植物群、库兹涅茨克植物群）和在南半球各大洲和北半球南亚地区季节明显，湿度和温度变化显著的环境，分布着冈瓦纳植物群。

在石炭纪和二叠纪之交，地球上自然环境开始发生了一系列的变化，华夏植物群和欧美植物群分布的地区先后出现了季节性的干旱，并逐渐增加着强度和幅度，严重地威胁着生长在湿润环境中的各种植物。与此同时，大规模的地壳运动，使陆地上升，面积和相对高度迅速增加，大片的沼泽干涸或消失。又随着海水的退却，海滨湿润而均匀的海洋性气候，也被严酷而多变的大陆性气候所代替，这些自然因素的变化，对于植物界的影响，更起了推波助澜的作用。盛极一时的蕨类植物大量衰亡，新型的裸子植物逐渐兴旺起来。

裸子植物虽然到古生代末期之后，方始形成为陆地植物中的主要代表，它的历史可远溯到3.5亿年前，也就是地质史上称为中、晚泥盆世的时候。从化石记载表明，那时裸子植物正处于形成和开始发展阶段。最古老的裸子植物或称原裸子植物，因为它们尽管在某些方面比蕨类植物进化，但尚未具备裸子植物全部的基本特征。下面从在地层中保存下来的生物历史的化石记录，简述裸子植物的发生和发展。

无脉蕨是中泥盆世的一种原裸子植物，树干高、茎粗的乔木，茎顶端有1个由许多分枝组成的树冠，它的末级"细枝"形状就像叉的叶片，但其中无叶脉。孢子囊小而呈卵形，生于末级"细枝"之上。茎干内部具次生木质组织，这种组织由具缘纹孔的管胞组成。它没有发达的主根，只有许多细弱

的侧根。古蕨是晚泥盆世特有的一群较为进化的原裸子植物的代表。树高、茎粗的塔形乔木，茎干具有次生生长的组织，输导组织中的木质成分是具缘纹孔的管胞，茎干的顶端有 1 个由枝叶组成的树冠；叶是扁平而宽大的羽状复叶；根系较无脉蕨发达；孢子囊单个或成束地着生在不具叶片的小羽片上，孢子囊内曾发现大、小两种孢子。

无脉蕨、古蕨这一类十分奇特的植物，却具有大、小孢子，羽状复叶，具缘纹孔的管胞等原裸子植物的重要特征。所以，被认为与裸子植物的祖先有关。但是它们没有胚珠更没有种子，大概是原始蕨类向着原裸子植物演进的低级的过渡类型。1974 年伯恩将古蕨算作原裸子植物。到了石炭纪、二叠纪时，从原裸子植物繁衍出更高级的类型。

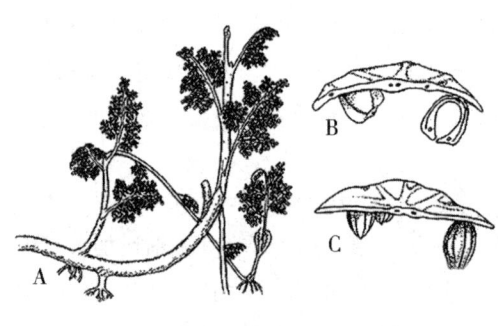

种子蕨

裸子植物的进一步繁衍就是种子蕨的发现。种子蕨在上泥盆世地层中已发现，上石炭纪是其极盛时期，少数代表曾生存到三叠纪末期之前。在 1903 年英国的古植物学家发现了凤尾松蕨的"真蕨"，竟然以种子来进行繁殖，是当今知道得最清楚的种子蕨。

叶为多回羽状复叶，甚大，叶轴上部分二叉；茎甚细，髓颇大，有形成层，维管束的大部分由次生木质部和次生韧皮部组成；小型的种子，外有 1 杯状包被，其上生有腺体，种子中央为 1 颗大的雌配子体组织和颈卵器，珠心的顶端有 1 突出的喙，喙外又有一垣围之，二者之间为贮粉室，其中有时可看见花粉粒，珠心之外有 1 厚的珠被，珠被是由若干个单位联合而成的，每一个单位代表着 1 个不育的大孢子叶，所以整个胚珠不是单个的孢子叶，而是聚合囊，珠心才是有效的大孢子囊。

在石炭纪、二叠纪化石中，还发现以髓木为代表的植物，也是当时北半球广泛分布的种子蕨。在我国地质史的石炭纪、二叠纪时期，也有许多种子蕨繁盛生长，不仅有凤尾松蕨和髓木的家族成员，还有若干特殊的类型。最著名的是大羽蕨，这种植物的整个形状和内部结构虽然不很清楚，但从叶的形态特征来看，很可能是一种比较进化的种子蕨，它的叶子像被子植物茄科的烟草叶，长可达数十厘米，叶脉也相似，都是属于"复杂网状脉序"。大羽蕨是迄今所知具有这种高级脉序的先驱者。由于我国和东亚地区在二叠纪时，繁荣着以大羽蕨为代表的独特的植物群，故称之为华夏植物群。

在这一类群最古老、最原始的裸子植物中，有几个方面值得特别注意：它们还没有花，但已形成种子，这在植物系统发育过程中，种子的出现比花和果实更早；在种子中始终没有发现发育完善的胚，这是一种原始的性状；在胚珠的贮粉室中，只有看到花粉粒，而未发现花粉管，这也是原始的性状之一。所以，种子蕨是介于蕨类植物和裸子植物之间的一个极其重要的类型，并成为许多现代裸子植物的起点。

拟铁树植物即本内铁树和科得狄植物的发现，对由种子蕨植物直接演化出来的铁树植物和一些古植物，具有重要意义。

拟苏铁植物，是直接起源于髓木类种子蕨植物。其中拟铁树属，植物体皆矮小，茎有块状或柱状，茎的解剖构造上有1大髓，1薄层维管组织及1厚的皮层，茎的表面覆满已脱落的叶基，茎顶端有1丛羽状复叶。

孢子叶球遍布于茎的周围；孢子叶球两性，即大、小孢子叶合成1孢子叶球；在孢子叶的下部为螺旋状排列的苞片，其上为1轮大型羽状的小孢子叶，基部相连成盘，小孢子囊排成两列，每个小孢子囊又分数室，为聚合囊；每个大孢子叶只有1个短柄和1个顶生的胚珠夹于大孢子叶之间，又有另1种苞片，棒形，顶端膨大，称为间生鳞片。种子无胚乳，而含有2片子叶的胚。拟铁树属植物，极似铁树植物，但孢子叶球两性，成熟种子无胚乳，这在裸子植物中颇为特殊。因此，被认为是和某些具有两性结构的裸子植物的起源有关的一群古植物。

科得狄植物，植物体为高大乔木，茎粗一般不超过1米，茎干的内部构造和种子蕨颇相似。但木材较发达而致密，木质部或薄或厚，通常无年轮，构造特殊的髓心，是由许多薄壁细胞形成的横裂成片，仿佛似被子植物胡桃的髓；具较发达的根系和高大的树冠；叶皆是全缘的单叶，形态大小颇不一致，其上有许多粗细相等、分叉的、几乎是平行的叶脉，脉间尚有硬组织形成细纹；已有了"花"，即孢子叶球，大、小孢子叶球分别组成松散的孢子叶球序。小孢子叶球的基部有多数不育的苞片，小孢子由小孢子叶柄和小孢子囊组成。大孢子叶的结构与小孢子叶相似，基部具不育的苞片，胚珠顶生，珠心和珠被完全分离。有胚珠，但还没有真正的种子，有贮粉室，其内曾多

次发现有花粉粒，但未发现有花粉管。科得狄植物具胚珠，叶的形态、结构等类似种子蕨。而茎的构造和孢子叶球等又类似裸子植物。它是种子蕨的后裔或具有共同的起源。它在裸子植物的起源和系统发育上都具有重要的意义。

关于真蕨类、原裸子植物和裸子植物的系统发育，20 世纪 60 年代贝克把古蕨属和科得狄属的植物归属原裸子植物，并认为可能是种子植物的直接祖先；20 世纪 70 年代班克提出真蕨、原裸子植物都是来自裸蕨，再由原裸子植物进化到裸子植物。

裸子植物在系统发育过程中，植物体的次生生长由微弱到强；茎干由不分枝到多分枝；孢子叶由散生到聚生成各式孢子叶球；大孢子叶逐渐特化；雄配子体由吸器发展为花粉管；雄配子由游动的、多纤毛精子，发展到无纤毛的精核；颈卵器由退化、简化发展到没有等。这一系列的发展变化都是和系统演化密切相关。尤其是生殖器官的演化，使裸子植物有可能更完善地适应陆生生活条件，而达到较高的系统发育水平。

裸子植物在其漫长的历史过程中，地史、气候经过多次的重大变化，裸子植物的种系也随之多次演替更新，老的种系相继绝灭，新的种系陆续演化出来，并沿着不同的进化路线不断地更新、发展、繁衍至今。

雌雄异株

雌雄异株，指在具有单性花的种子植物中，雌花与雄花分别生长在不同的株体而言。性别决定方式是 XY 型。仅有雌花的植株称为雌株，仅有雄花的称为雄株。有的植物雌株与雄株的染色体组成具有显著的差异。苔藓和蕨类植物雌雄两性的繁殖器官是分别在不同的株体上形成的。

 植物界的领军——被子植物

被子植物的起源

在距今 1.4 亿年前白垩纪开始的时候，更新、更进步的被子植物就已经

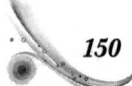

从某种裸子植物当中分化出来。最原始的被子植物的花粉发现于早白垩世地层中；近几年来，我国辽西地区发现了许多可能是最早的被子植物的花的化石，为研究被子植物的起源问题提供了最新的资料。

被子植物是现代植物中占绝对优势的植物类群，目前已知有 300 ~ 400 科，20 万 ~ 30 万种，这在数量上远远超过所有其他植物类群种数之和。被子植物的起源问题被达尔文称为"讨厌之谜"，已经被研究、争论了 1 个多世纪。与之有关的假说、理论层出不穷。

近几十年以来，相关的研究取得了快速的发展。许多涉及被子植物起源的讨论和假说受到学术界较广泛的注意和认可。这主要应归功于古植物学的研究进展和基于形态学资料、分子生物学数据及两者结合的分支系统学的贡献。

被子植物的起源问题主要有 3 个方面：①被子植物的祖先类群；②被子植物的起源时间；③被子植物的起源地点。

1. 被子植物的祖先类群

这是有关被子植物起源的核心问题，也是争议最多的问题。在探究此问题之前，首先要清楚被子植物是否单系类群及其内各大类群之间的关系。

被子植物各类群之间形态学、生态学等方面的差异很大，许多学者都认为它不可能是单系类群。然而，由于被子植物的许多共性，绝大多数的学者都认为被子植物属于单系类群。关于被子植物的原始类群及其祖先的讨论，可分为 3 个阶段。

（1）20 世纪 90 年代中期之前，关于被子植物的起源问题主要体现在"假花说"与"真花说"的对立。假花说认为，被子植物的花是从单性的裸子植物的繁殖器官演化而来的，因此现生被子植物中具小型的、简单的、单性的风媒花的类群，即柔荑花序类，是原始类群。真花说认为，被子植物的花是从类似于裸子植物的本内苏铁目（已经绝灭的化石类群）的一个不分支的、两性的、其上螺旋状排列着胚珠和花粉器官的孢子叶球演化而来的，因此，现生被子植物中具有较大型的、两性的、多离省心皮和雄蕊的、虫媒花的木兰科及其近缘的科是原始类群。由于化石资料的不断积累以及分支系统学的分析结果不断报道，现今真花说已被广泛用于几大被子植物的分类系统。关于被子植物祖先类群的讨论，也由于真花说的广泛认可而得到了较为统一的认识，即被子植物最直接的姐妹群是买麻藤目，而买麻藤目以及被子植物共同构成了本内苏铁目和五柱木（已绝灭的化石类群）的姐妹群。继续追溯下去，则种子厥的开通尼亚目可能是本内苏铁目加五柱木加买麻藤目加被子植物的共同的姐妹群。

（2）继"真花说"与"假花说"的争论之后的是木本木兰说和古草本说的对立。木本木兰说直接源于真花说，认为被子植物是一种木质的灌木或小乔木，具多心皮的花，舟形的、具覆盖层的、瘤状纹饰的花粉，因此木本木兰类中的木兰目处于被子植物系统树的基部。古草本说的化石证据近年来出现较多，该说法认为，原始被子植物可能是小型的、具根状茎或攀缘习性的、具细小简单花的多年生草本植物。"古草本"一词现指木兰类中除了木本木兰类之外的所有植物类群的总称，是一个常具较简单的单性花的类群，包括胡椒科、马兜铃科、睡莲科等。

（3）关于被子植物的起源问题的最新成果是根据分子系统学的研究成果。一个被简称为"ANITA"的类群组合被认为位于被子植物系统树的基部，并代表了现生的被子植物的最原始类群。其中，"A"被认为是其他所有现生被子植物的姐妹群。"N"为睡莲目，"ITA"的类群组合包括：Illiciaceae，Trimeniaceae，Austrobaileyaceae等科。目前的研究成果采用的多基因、多类群的方法，所分析的类群数量多，所采用的特征多，分子生物学数据量大，因此所获得的系统树被认为是极其可靠的。后来的研究成果虽然有的对新系统树的准确性有些争议，但是并没有动摇新系统树的基本框架。

2. 被子植物的起源时间

较早被公认的最早的被子植物化石发现于早白垩纪地层中。对于被子植物的起源时间有2类不同的认识，这主要是基于对化石记录的不同解释以及是否应该完全的依赖于化石证据来推断起源时间。一种观点认为，起源时间为侏罗纪至白垩纪；另一种认为应起源的更早，如三叠纪、早于三叠纪、二叠纪、石炭纪，或石炭纪—早白垩纪之间等。最新的分子系统学分析推断被子植物和裸子植物的分离可能在石炭纪末。

3. 被子植物的起源地点

关于被子植物的起源地点，长期以来广泛接受的观点认为被子植物是热带起源的，这主要是依据西南太平洋和东南亚的热带地区集中了大部分的现生的被子植物原始类群。这一说法得到了来自孢粉和大植物化石的支持。然而，在中国东北地区侏罗系上部和白垩系、蒙古下白垩统、俄罗斯贝加尔湖地区下白垩发现了大量的被子植物化石，因此现今处于高纬度的东北亚地区也被认为可能是被子植物的起源地，或者至少是起源地之一。

被子植物的进化

被子植物从早白垩纪出现到早白垩纪晚期只产生了20余个科，到了晚白垩纪初期就已经有了45个科。

进入新生代以后，由于地球环境由中生代的全球均一性热带、亚热带气候逐渐变成在中、高纬度地区四季分明的多样化气候，蕨类植物因适应性的欠缺进一步衰落，裸子植物也因适应性的局限而开始走上了下坡路。这时，被子植物在遗传、发育的许多过程中以及茎叶等结构上的进步性，尤其是它们在花这个繁殖器官上所表现出的巨大进步性发挥了作用，使它们能够通过本身的遗传变异去适应那些变得严酷的环境条件，反而发展得更快，分化出更多类型，到现代已经有了90多个目、200多个科。

在被子植物的系统发展过程中，两个重要的方面是单子叶植物和草本植物的出现。

最原始的被子植物是木兰目植物，它们以及随后出现的其他一些被子植物都是双子叶植物。直到晚白垩纪初期，单子叶植物泽泻目和百合目才出现。单子叶植物由双子叶植物分化出来，主要是由于适应不利气候条件而产生的形态上的某种变化所致。它们的茎中，许多维管束散布在薄壁组织里，不产生形成层。有些单子叶植物叶子中维管束很多，叶脉平行封闭，这样可以增加光合作用效率，加快输导作用的速度。单子叶植物主根不发育，却长有许多不定根。这些特征都有利于在一年中比较短的时间里快速地发育生长。有些种类的单子叶植物如禾本科中的甘蔗、玉米等，光合作用效率比其他植物高，其机理是吸收二氧化碳后先形成一种含有4个碳原子的糖（因此它们被称为四碳植物），而不是像其他植物那样先形成含有3个碳原子的糖（这样的植物被称为三碳植物）。四碳植物是比三碳植物更加进步的类型。

原始的被子植物都是木本植物，到了晚白垩纪初期出现了灌木和草本类型。这种变化主要是由于受到气温下降、气候干旱的影响。例如在高山和北

灌 木

极地区，植物体的地上部分很难度过严冬，于是草本植物产生了地下茎，可以储存营养，度过严冬，待到第二年春回大地时地下茎又发芽生长出新的地上植物体。在干旱地区，草本植物则把一年中积累的营养集中储存在大量的种子里，并使种子富有顽强的抗旱性和生活能力以保证物种的繁衍，自身则在产生了种子以后死亡。由此，一年生草本植物就发展起来了。

此外，落叶性被子植物的出现也是对环境变化的一种适应。原始的被子植物是常绿的。早白垩世晚期以后，被子植物转向北温带发展，在接近热带的中纬度南部干凉地带，开始出现了落叶植物。落叶可以减少水分蒸腾，用叶芽的形式储存养料，可以避免低温冻害。

在被子植物的进化过程中，还从原始的两性花分化产生了单性花。单性花先是雌雄同株，后来又出现了雌雄异株。从此，异花授粉取代了自花授粉，产生的种子可以接受双亲的遗传性状，增强了后代的生活力、遗传多样性和进化潜力。正是被子植物的花开花落，才把四季分明的新生代地球装点得分外美丽。

知识点

异花授粉

异花授粉，有的植物雄蕊和雌蕊不长在同一朵花里，甚至不长在同一棵植物上，这些花就无法自花授粉了，它们的雌蕊只能得到另一朵花的花粉，这叫做异花授粉。异花授粉是植物界很普遍的授粉方式。它的花粉传播主要是靠风力或昆虫。